露天坑尾矿库边坡稳定性分析及滑坡预警

Stability Analysis and Landslide Warning of Tailings Reservoir Slope in Open Pit

付厚利　秦　哲　著

科学出版社

北　京

内 容 简 介

本书系统论述了露天矿边坡稳定性分析方法、监测系统及预警体系，介绍了岩质边坡稳定性计算方法，分析了岩质边坡稳定性主要影响因素，建立了露天矿边坡数值分析模型，研究了水位升降条件下边坡破坏形式，构建了边坡动态监测系统，分析水位升降条件下边坡变形特征，提出了边坡变形预测模型和滑坡预警指标，构建了边坡安全综合预测方法与预警体系。

本书可供矿山、水利及岩土工程领域工程技术人员及相关专业高等院校师生参考。

图书在版编目(CIP)数据

露天坑尾矿库边坡稳定性分析及滑坡预警=Stability Analysis and Landslide Warning of Tailings Reservoir Slope in Open Pit / 付厚利，秦哲著. —北京：科学出版社，2021.12

ISBN 978-7-03-069539-0

Ⅰ. ①露… Ⅱ. ①付… ②秦… Ⅲ. ①金矿床-尾矿-露天开采-边坡稳定性-分析②金矿床-尾矿-露天开采-滑坡-预警系统-研究 Ⅳ. ①TD863

中国版本图书馆CIP数据核字(2021)第158617号

责任编辑：刘翠娜 陈姣姣 / 责任校对：王萌萌
责任印制：吴兆东 / 封面设计：无极书装

科学出版社 出版
北京东黄城根北街16号
邮政编码: 100717
http://www.sciencep.com
北京中石油彩色印刷有限责任公司 印刷
科学出版社发行 各地新华书店经销
*
2021年12月第 一 版 开本：720 × 1000 1/16
2021年12月第一次印刷 印张：11 3/4
字数：236 000

定价：118.00 元

（如有印装质量问题，我社负责调换）

前　言

人类工程活动的规模与范围日益扩大，由此带来大量的工程安全问题。长久以来，边坡稳定性分析是岩土工程的研究热点与难点，研究边坡稳定性问题兼具理论与实践意义，涉及工程力学、固体力学、土木工程、水利工程及矿业工程等多学科交叉课题。边坡稳定性分析经历了由定性到定量研究、由经验到理论计算、由单一评价到综合分析的过程，得到了越来越多科研人员的关注。从本书的章节划分来看，第 1 章介绍了岩质边坡主要类型、破坏形式以及灾害防治等相关内容，第 2 章详细介绍了作者主持的露天矿岩质边坡具体工程，第 3 章建立了尾矿库边坡力学模型，分析了尾矿库边坡稳定性，第 4 章介绍了露天坑尾矿库高陡岩质边坡监测系统，第 5 章构建了露天坑尾矿库滑坡预警体系。

本书内容由付厚利和秦哲撰稿。露天矿边坡稳定性是复杂且烦琐的问题，本书所展示的研究成果大部分由作者带领的研究团队完成，包括许多博士和硕士研究生等团队成员，其中，韩继欢、赵凯、亓伟林、陈绪新等研究生都做出了重要贡献，张晟、张禹等研究生进行资料整理工作，在此对他们的付出表示衷心的感谢！

应该指出，露天矿边坡稳定性问题是由来已久、不断发展的复杂问题，仍然有许多理论与工程问题亟待解决。由于作者水平及经验有限，书中不当之处在所难免，敬请各位专家及同仁不吝赐教。

作　者

2021 年 5 月

目　录

1 绪　　论

1.1　岩质边坡研究现状

露天矿开采边坡失稳是国内外工程技术人员面临的主要难题之一。根据美国地质调查局“About the Landslide Hazards Program”的记载，自2012年开始世界每年发生滑坡的数量明显增加，除去因飓风、暴雨、地震引起的滑坡事件外，露天矿山滑坡占有较大比重。2013年美国犹他州宾汉峡谷铜矿发生北美历史上最大的滑坡，总滑落土石方量达到1.65×10^9t，滑落近1km，导致矿区停产5个月，年产量减少55%。澳大利亚塔斯马尼亚州萨维奇河矿发生岩石滑坡，使得该矿的所有者格兰奇资源有限公司直接损失达到5000万美元。法国某露天矿因爆破震动荷载导致北侧边坡出现大面积滑移，致使坡顶出现最大可见深度为4.8m，最大宽度为650mm的裂缝，为治理该滑移，先后投入近1亿欧元进行加固处理。而加拿大、俄罗斯等矿产丰富国家也深受露天矿开采边坡失稳问题的影响，每年投入大量人力、物力和财力进行治理。

自20世纪50年代以来，我国资源开发进入了快速发展期，特别是改革开放后，煤炭、金属和非金属资源的加速开发利用为经济的高速发展做出了卓越贡献，但也带来了不利影响，如破坏自然环境、带来安全隐患等。其中资源开发利用过程中的大型露天采矿所留下的深大矿坑所带来的环境破坏和生命财产安全威胁尤为突出。据不完全统计，我国露天矿山近400个，其中年产量超过千吨的有130个，这些矿坑规模大、深度大，随着开采深度的增加，矿山边坡的稳定性问题越来越严峻，每年都会发生或多或少的安全事故(图1.1)，严重影响矿山安全生产。2013年中国黄金集团华泰龙公司甲玛矿区发生大面积山体滑坡事故，塌方长3km，83人被埋。2015年陕西省商洛市山阳县陕西五洲矿业股份有限公司生活区发生山体滑坡。2017年山西煤炭运销集团和顺吕鑫煤业有限公司四采区A6-1采区发生边坡滑坡事故，造成严重的人员伤亡。

中国露天矿边坡失稳问题均具有以下特点。

(1)深、大：露天矿开采深度大，一般开采深度都在100m以上，且规模大；

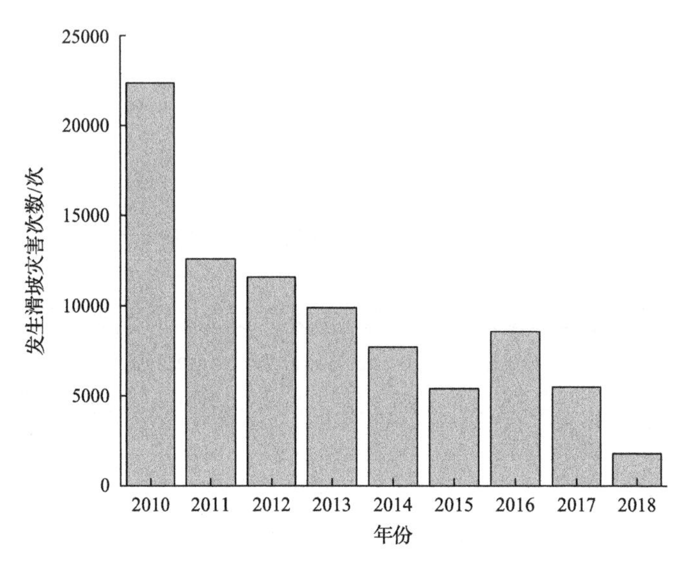

图 1.1　中国滑坡灾害事件统计图

⑵边坡高陡：受开采场地的限制，边坡坡度≥45°；

⑶边坡失稳影响因素复杂：露天矿边坡稳定性受开挖爆破震动、开采卸载、降雨入渗等多因素影响；

⑷地质状况复杂：失稳边坡所处位置地质条件一般非常复杂，蚀变带、构造断层分布较多。

滑坡一旦发生将严重威胁施工人员的生命安全，给工程带来无法估量的损失。由此可见，露天矿边坡稳定性及其治理已成为困扰露天矿安全生产的重要问题。我国露天矿开采环境复杂、多样、特殊、敏感，对矿区地质环境和生态环境的影响和破坏作用巨大。露天开采之后形成的边坡，受到矿区范围内边坡岩体性质、地质构造条件和水文条件的影响，导致地表发生沉降滑移变形、塌陷，进一步对周围建筑物和居民安全造成影响。因此，综合分析和评价露天矿边坡稳定性具有非常重要的工程实践意义和经济价值。根据相关部门的研究发现，我国平均每年由于地质灾害带来的财产损失数十亿元。尽管如此，但是对于滑坡等自然灾害的预警预报研究在世界范围内的进展仍然较慢。怎样科学地对滑坡等自然灾害进行提前预警，关键是要能够满足精度要求，且对何时发生滑坡、滑坡量等信息要有一个较为科学的预测，只有这样才算真正地达到预警的目的。

1.2 岩质边坡研究意义

一直以来，分析露天矿边坡稳定性是岩石力学等学科的热门研究内容，研究其稳定性不仅能够为露天矿安全高效生产提供有力依据，而且还能减少灾害发生。露天矿边坡稳定性研究由定性分析到定量分析、由传统经验方法到如今的理论计算、由单一评价到综合分析经历了很长的发展历程，为保证矿山安全、提高经济效益发挥着显著作用。因此，深入开展露天矿高陡岩质边坡失稳机制的基础研究，首要任务是评价当前边坡的稳定状态，计算分析边坡变形破坏机理，预测边坡失稳方式。对露天矿边坡进行有效的稳定性分析，提出科学的加固措施，防止高陡岩质边坡发生地质灾害，具有重要的理论与实际意义。

(1)以仓上金矿露天采场高陡岩质边坡为工程背景，在前人研究的基础上，广泛搜集资料，分析仓上金矿岩石的力学特征，考虑水对岩石的损伤作用。通过试验分析仓上金矿不同深度处岩石的力学特征，确定岩石的本构关系和力学参数，为解决岩质边坡稳定性问题提供关键技术参数。

(2)利用 FLAC3D 软件模拟边坡开挖过程，分析边坡变形破坏机理与稳定性，确定滑移面位置，安全预测矿坑的稳定状态，为今后合理、安全、高效地使用尾矿库提供技术指导，同时还可为其他相似类型的高大边坡(如公路边坡、水利边坡等)的稳定性评价提供理论借鉴价值。

(3)通过构建力学模型分析仓上金矿尾矿坑的当前稳定状态和长期稳定性，考虑不同水位状态下边坡的稳定性影响。通过对边坡安全进行实时监控，获取边坡的应力位移等信息。对监测数据分析的基础上结合类似工程实践以及数值计算反馈结果对边坡的安全性进行科学合理的预测，进而构建边坡的综合预测方法与预警体系。同时，此项工作对推动灾害预报理论、工程地质向更高层次发展也具有重要的指导意义。

1.3 岩质边坡主要类型与特点

1.3.1 边坡形态与分类

边坡一般定义为岩土体表面与水平面之间的夹角不为零的斜坡表面，若边坡是由岩体经结构面切割而组成，则该类边坡称为岩质边坡。边坡的组成主要包括四个方面，即坡肩、坡脚、坡角和坡高。坡顶与坡面相交处为坡肩；

坡面与坡底相交处为坡趾(坡脚)；坡面与水平面的夹角为坡角；坡肩与坡脚之间的垂直高差为坡高，如图 1.2 所示。

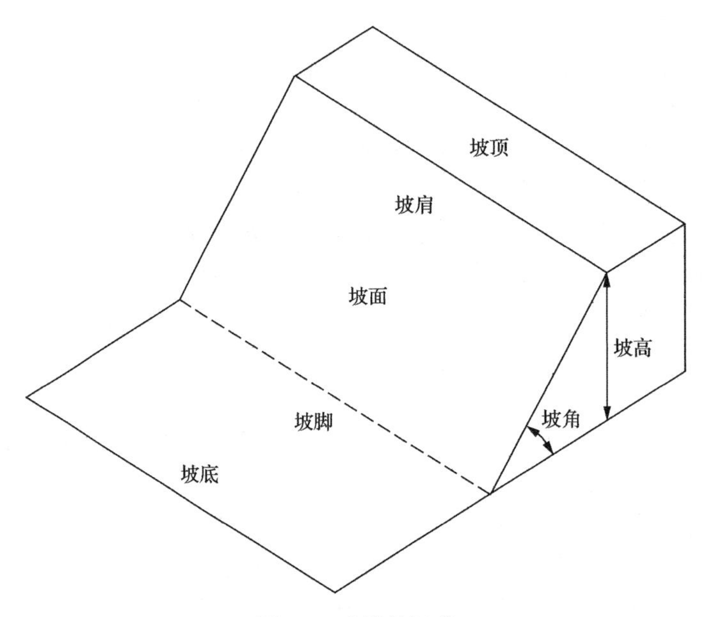

图 1.2　边坡的组成

边坡形成于不同的地质环境，并具有不同的形式和特征。例如，建筑修建中开挖基础时，将形成很深的基坑；一块场地在平整的过程中，将原来起伏不平的地形整平成一个平面，平整场地的四周与原有的自然地形形成了一定的高差；公路建设中，在满足公路本身的各项技术指标后，公路两侧与原有地面形成的具有一定坡度的坡面；矿山开采之后所形成的矿坑用来存储其他废弃矿山及残余矿渣，这些边坡在我们的生活中随处可见。由此可见，根据研究目的、研究对象、工程用途的不同，边坡分类的方式和方法也不尽相同。

1. 根据物质组成分类

根据边坡物质组成分为岩质边坡、土质边坡与岩土混合边坡[1]。其中土质边坡包括堆积土边坡、黄土边坡、黏质土边坡和堆填土边坡。

2. 根据结构分类

结构分类考虑的因素较多，分类的形式也较多，一般可分为块状结构边坡、层状结构边坡、碎裂结构边坡、散体结构边坡和基座式结构边坡。

(1)块状结构边坡主要是岩体中发育有两组“X”形节理[2]。节理面及层面共同将岩体切割成立方体、菱形体，被切割的分离体有可能发生滑动或崩塌，使边坡局部失稳破坏，容易发生的破坏类型为楔形破坏。

(2)层状结构边坡由层状、板状的岩体构成，控制性结构面一般为岩层层面[3]。根据岩层倾向与边坡坡向的不同组合，进一步划分为顺倾向层状结构边坡、反倾向层状结构边坡和斜交-正交层状结构边坡。

(3)碎裂结构边坡主要由强-中等风化的片岩、千枚岩组成。边坡受构造作用的影响较大，构造节理及风化裂隙发育较好，受构造作用而形成碎裂的岩体结构。坡体中常发育有褶皱，边坡岩体结构不均，裂隙发育，整体性差，强风化带较厚。岩体裂隙发育使雨水容易入渗，片岩、千枚岩具有遇水软化的特点，因此碎裂结构的边坡稳定性较差，尤其是在雨季容易发生滑动。

(4)散体结构边坡的特点是松散体厚度较大，结构松散，岩体主要结构形状为碎屑状、颗粒状；断层破碎带交叉，构造及风化裂隙密集，结构面及组合错综复杂，并多充填黏性土，力学性质差，完整性遭到极大破坏，稳定性极差，岩体属性接近松散体介质，地下水加剧岩体失稳[4]。容易发生松散体内的整体滑动和岩土工程中规模较大的岩体失稳。

(5)基座式结构边坡在开挖面上露出两种性质差异明显的岩土体。坡体上部地层为中-强风化的片岩、千枚岩、残坡积黏土、冲洪积物或滑坡堆积物等松散体，下部为中-弱风化的片岩、千枚岩、板岩等较硬的岩层。上部松散体胶结较差，强度较低，某些土体具有膨胀性[5]。

3. 根据成因分类

按照形成的原因可分为自然边坡和人工边坡。自然边坡主要是自然界中的江河湖海与山坡的岸边形成的边坡。人工边坡主要是人类工程形成的规模不同、陡缓不等的斜坡。

4. 根据规模分类

按照边坡的坡面高度、坡面长度、边坡角度等分类，分别如表1.1～表1.3所示。

5. 根据使用年限分类

按照使用年限可分为永久边坡和临时边坡，永久边坡是指工作年限超过

2 年的边坡；临时边坡是指工作年限不足 2 年的边坡，如表 1.4 所示。

表 1.1 根据坡面高度分类

分类名称	分类特征
超高边坡	岩质边坡坡面高度大于 30m，土质边坡坡面高度大于 15m
高边坡	岩质边坡坡面高度为 15～30m，土质边坡坡面高度为 10～15m
中边坡	岩质边坡坡面高度为 8～15m，土质边坡坡面高度为 5～10m
低边坡	岩质边坡坡面高度小于 8m，土质边坡坡面高度小于 5m

表 1.2 根据坡面长度分类

分类名称	分类特征
长边坡	坡面长度大于 300m
中长边坡	坡面长度为 100～300m
短边坡	坡面长度小于 100m

表 1.3 根据边坡角度分类

分类名称	分类特征
缓坡	边坡角度小于或等于 15°
中等坡	边坡角度为 15°～30°
陡坡	边坡角度为 30°～60°
急坡	边坡角度为 60°～90°
倒坡	边坡角度大于 90°

表 1.4 根据使用年限分类

分类名称	分类特征
永久边坡	工程寿命期内需保持稳定的边坡
临时边坡	施工期需保持稳定的边坡

1.3.2 岩质边坡特征与分类

区别于土质边坡，岩质边坡往往存在大量的岩层面、节理面和裂隙面等软弱结构面，而且由于岩质边坡的变形破坏总是沿着岩体内的软弱结构面扩展并最终引起边坡大规模变形失稳，边坡的稳定性很大程度上取决于这些软弱结构面的发育程度。因此，岩体结构对坡体的安全性起到关键的作用。

岩体结构为岩体中各种结构因素的排列组合形式，其主要包括结构面、结构体两部分[5]。前者是指含有一定面积的连续、断续延展的破裂地质界面；后者是指被产状、形式各不相同的结构面所分割分离而成的岩块或块体。在工程实际中往往以岩石的强度、岩体的完整性和岩体的结构形态特征为主要考虑因素对岩体结构进行分类。岩体结构的分类一定程度上能够反映岩体的质量。

岩体结构面分类见表1.5。

表1.5 岩体结构面分类

类型	主要特征	力学性质	代表性结构面
贯通性结构面	连续或者近似连续，有确定的延伸方向，可有一定的厚度或影响带	破坏了岩体的连续性，构成岩体应力作用边界，控制岩体变形破坏的演变方向	软弱夹层 断层破碎带 构造挤压带
小型节理裂隙面	硬性结构面，连续分布，有统计优势方位	破坏边坡岩体的完整性，构成岩体力学性质的各向异性特征	原生裂隙 卸荷裂隙
隐形裂隙	短小闭合，随机分布，可有统计分布规律	影响岩块的强度和变形破坏特征	岩石中的隐微裂隙

岩体中结构面的存在，降低了岩体的整体强度，增大了岩体的变形性能，加剧了岩体的流变特性和其他时间效应，并加大了岩体的不均匀性、各向异性和非连续性等性质。在总结大量岩质滑坡工程实例的基础上，分析得出岩体内的单个或多个裂隙结构面的组合致使边坡岩体发生剪切滑移、塌陷错动等破坏形式，进而造成边坡强度的丧失以及边坡的整体失稳[6]。

因此，本书初步研究岩体结构对岩质边坡的影响，掌握岩体结构特征，分析边坡岩体的强度、变形及破坏机理，对岩质边坡工程稳定性问题进行合理分析研究。

针对不同的岩质边坡特点、形式和工程目的，国内外对岩质边坡进行了多种类型分类。按坡体结构特征分为以下几种。

(1)类均质边坡：边坡由均质土组成。

(2)近水平层状边坡：由近水平层状岩土体构成的边坡。

(3)顺倾层状边坡：由倾向临空面(开挖面)的顺倾岩土层构成的边坡。

(4)反倾层状边坡：岩土层面倾向边坡山体内。

(5)块状岩体边坡：由厚层块状岩体构成的边坡。

(6)碎裂状岩体边坡：由碎裂状岩体构成，或为断层破碎带，或为节理密集带。

(7)散体状边坡：由破碎块石、砂构成，如风化层。

边坡结构类型如表1.6所示。

表1.6 边坡结构类型

序号	示意图	边坡结构类型	边坡稳定特征
1	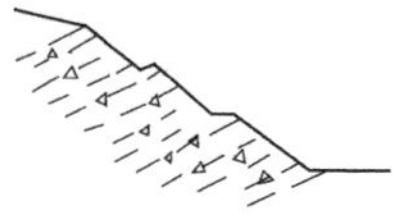	类均质边坡	边坡稳定性较好，贯穿性软弱结构面极少
2	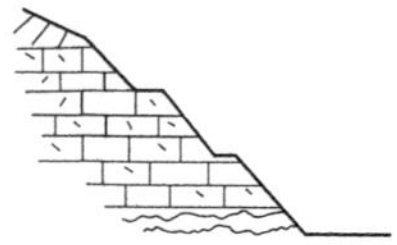	近水平层状边坡	边坡较稳定，一般不发生边坡失稳
3	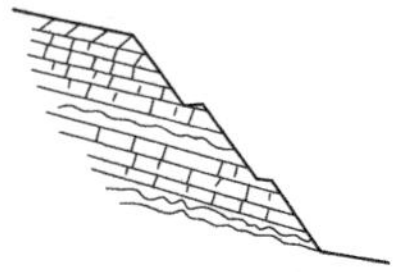	顺倾层状边坡	层面或软弱夹层，形成滑动面，坡脚切断后易产生滑动，倾角较陡时，易产生崩塌或倾倒。稳定性受坡角与岩层倾角组合关系、顺坡向软弱结构面的发育程度及强度所控制
4	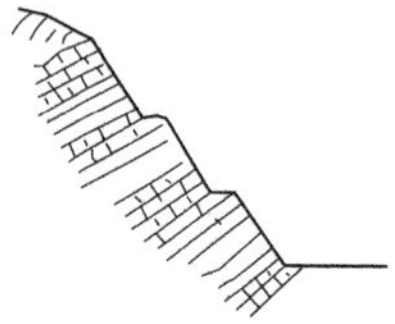	反倾层状边坡	岩层较陡时易产生倾倒弯曲松动变形，坡脚有软层时，上部易拉裂，局部崩塌滑动。稳定性受坡角与岩层倾角组合、岩层厚度、层间结合能力及反倾结构面发育与否所控制
5	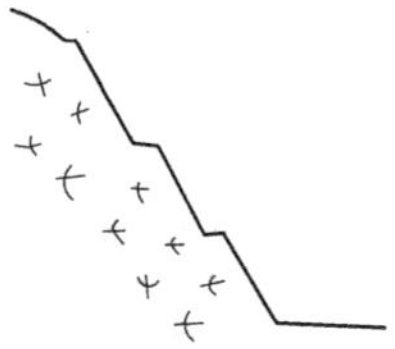	块状岩体边坡	边坡稳定条件好，易形成高陡边坡，失稳形态多沿某一结构面崩塌或复合结构面滑动。滑动稳定性受结构面抗剪强度与岩石抗剪强度控制
6	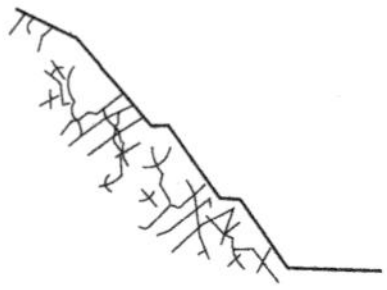	碎裂状岩体边坡	边坡稳定性较差，坡角取决于岩块间的镶嵌情况和岩块间的咬合力
7	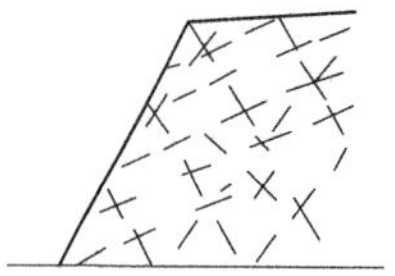	散体状边坡	边坡稳定性差，坡角取决于岩体的抗剪强度，滑动面呈圆弧状

1.4　岩质边坡岩体稳定性研究

由于岩土工程的复杂性，通过理论计算设计岩土工程有一定难度，因此工程类比设计是当前岩石工程的主要设计方法。以隧道工程为例，通常都是通过对隧道围岩的稳定性类别的划定，直接确定岩石荷载与支护尺寸。这种设计方法同样可在边坡工程中应用，可见对岩质边坡进行岩体稳定性分类具有重大意义。一般来说，对边坡岩体进行稳定性分类有两层意义：一是定性确定边坡周围岩体对边坡稳定性的影响，用此评价岩体质量，为工程的设计、施工、运行提供依据；二是通过工程类比方法定量确定作用在支挡结构上的岩石压力，以进行支挡结构设计。近年来，国内外都出现了一些边坡岩体分类，这些分类都在一定程度上考虑了边坡工程的一些特点，但基本上仍保持隧道工程围岩分类的做法，以岩石强度与岩体完整性作为分类的基本指标。其实，岩石强度对边坡工程的影响是不大的，影响边坡工程的主要因素是岩体结构面。至今，还没有一种影响广大和被工程技术人员公认的边坡分类方法。建筑边坡工程规范中给出了一种适用于一般边坡的边坡岩体分类，它是目前唯一列入边坡工程规范的分类标准，虽然还比较简单、粗浅，但较为充分地考虑了一般边坡的特点。

1.4.1　岩质边坡稳定性研究的发展历程

边坡稳定性分析过程一般步骤为实际边坡—力学模型—数学模型—计算方法—结论。其核心内容是力学模型、数学模型、计算方法的研究，即边坡稳定性分析方法的研究。岩质边坡稳定性研究的发展历程大致可分为三个阶段：20 世纪初至 50 年代的定性研究阶段；20 世纪 60～70 年代的力学机制和内部作用研究阶段；20 世纪 80 年代以来的系统工程分析研究阶段。

20 世纪初至 50 年代，岩质边坡稳定性评价几乎完全属于土力学范畴，稳定性分析计算建立在刚体极限平衡的基础上，这一阶段可称为定性研究阶段。20 世纪 60～70 年代，岩质边坡稳定性研究理论和方法有了较大的发展，边坡稳定性研究进入力学机制和内部作用研究阶段，在边坡稳定性计算分析方面基本上沿用两种途径进行：一是以刚体极限平衡理论为基础，考虑岩体中结构面的控制作用，利用数学分析法或图解法，最后求得安全系数或类似于安全系数的概念来进行定量评价，如结构分析法和块体理论等；二是以有限元法、边界元法或离散元法分析岩质边坡内部的变形特征和应力状态，给出直观形象的评价结果。

20 世纪 80 年代以来，边坡稳定性研究的理论和方法更加成熟，可以利用计算机定量或半定量地模拟边坡开挖至破坏的全过程，在 70 年代后期，蒙特卡罗模拟技术应用于岩体结构面几何参数概率分布模型模拟，得出边坡岩体结构面网格图像，直观地仿真了岩体结构特征，并将其结果应用于岩质边坡稳定性评价，出现了边坡稳定性破坏概率分析方法。此外，一些新理论、新方法(如系统论方法、信息论方法、模糊数学、灰色理论和数量化理论、基于大脑皮层的径向基功能神经网络方法等)被引入边坡稳定性研究，为定量评价和预测岩质边坡稳定性开辟了更为广阔的前景，边坡稳定性研究已步入系统工程分析研究阶段。边坡稳定分析方法研究一直是边坡稳定性问题的重要研究内容，也是边坡稳定性研究的基础。近几年来在该领域内取得了很多新的进展，其主要表现在以下几个方面：①极限平衡理论的完善；②数值分析方法的广泛应用；③复合法的应用；④随机分析方法的蓬勃发展；⑤模糊分析方法的引入；⑥计算机模拟技术在边坡中的应用；⑦试验研究技术的进步。

1.4.2 影响边坡岩体稳定性的因素

本着最大限度地回收资源、减少资源流失的原则，许多因露天开采而废弃的矿坑被用作储存尾矿或其他工业废渣的场所，而仓上金矿由于露天开采，现已形成高陡岩质边坡。

高陡岩质边坡由于其自身特点，治理工作较为困难，通过对影响其安全稳定性的因素进行研究对边坡治理有着积极的意义，尤其是水位升降作用对库岸边坡岩体物理力学性质的损伤作用十分明显，随着库水位升降循环次数的增多，库岸边坡岩体力学参数不断劣化[7]。高陡岩质边坡稳定性分析主要有两方面的内容：①在自然状态下开挖边坡的稳定性分析；②开挖边坡结束后运行期内的稳定性分析。在认真研究影响边坡稳定性因素的基础上，经过归纳总结得出了高陡岩质边坡稳定性的主要影响因素结构图，如图 1.3 所示。其中边坡结构的影响因素是由地质构造特征、坡高与坡脚、岩体结构、地下水作用等决定的；岩体强度因素主要包括岩体抗拉强度、抗压强度及抗剪强度参数；外载作用因素包括爆破作用、重力作用及开挖作用；其他因素包括施工工艺及风化作用[8-13]。

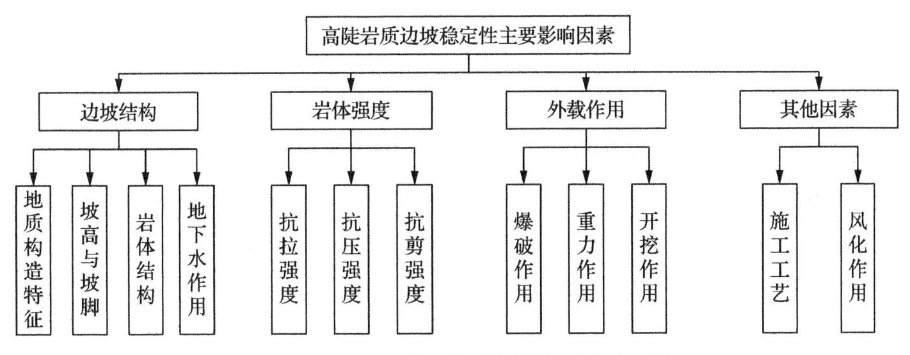

图 1.3 高陡岩质边坡稳定性主要影响因素

1. 地质构造特征

地质构造对高陡岩质边坡稳定性影响很大，若边坡所在地区的地质构造复杂，有较大褶皱的存在，地壳板块构造运动活跃，一般来说，这种边坡稳定性差，易发生变形破坏。节理、断层和岩层产状构成了地质构造特征的主要内容[14]。

(1)节理：是一种最为发育的地质构造，是岩体由于受到的构造应力大于其自身强度而在内部形成的微小裂缝。若岩体中分布大量节理，则岩体会被分割成由众多岩块组成的裂隙体系，对边坡岩体的完整性极其不利。高陡边坡发育的节理主要为构造节理和风化节理。

(2)断层：在构造应力作用下岩体内部出现相对明显的位移变化，它破坏了岩体的连续性及完整性。断层的存在形式往往不是一个面，而是以一定断层带的形式存在。这一系列的断裂面内岩性复杂，岩石存在形式多样，岩体遭到分割，边坡容易发生失稳变形。当断层规模发育较大时，由于其结构特点较复杂，断裂带或断裂带附近的岩层结构也会受到很大影响。

(3)岩层产状：岩层产状对高陡岩质边坡的稳定性及其失稳破坏模式都有着非常重要的影响作用。边坡开挖卸荷后会形成临空面，当顺层边坡的坡面走向与岩层走向基本一致且岩层结构面出露于临空面时，极易造成顺层滑坡，岩层层面构成了控制滑坡的主要结构面。

2. 坡高与坡脚

通常情况下，坡高越低，坡脚越缓，边坡稳定性越好；坡高越高，坡脚越陡，在重力作用和临空倾斜的作用下，边坡变形和失稳越易发生。在进行边坡整治过程中，首先必须找到最优边坡角，从而有针对性地进行防护与加固。

3. 岩体结构

岩质边坡软弱结构面控制着岩体的变形破坏，所以岩体结构面的产状、结构类型及其与边坡倾角的关系是影响岩质边坡稳定性的主要因素。对一般的岩质边坡而言，其结构面多为两组或两组以上，多组结构面切割会增大岩体沿结构面破坏的可能性，从而导致滑移体的形成。结构面表面表现出不同粗糙性和起伏性的状态，它往往是影响其剪切强度的主要原因，尤其是互相嵌入或者还没有发生位移变化的未充填结构面。

4. 地下水作用

岩石边坡稳定性是岩土工程领域的一个研究热点，特别是受水位循环变化影响的边坡[15]。水位的变化会导致边坡岩石处于水侵-水流失状态，从而对岩石的细观结构造成不可逆的破坏[16]。随着水位的周期性变化，边坡的岩石力学参数逐渐减弱，导致边坡安全系数持续下降[17]。边坡岩体受水的影响存在多种形式，主要表现为静水压力下的有效应力、动水压力下的冲刷及水对岩体的软化、溶蚀等物理化学作用，从而导致岩体发生变形。然而水的存在对边坡影响往往由多种因素组合而成，在水的作用下岩体的各项力学性质会受到很大的影响，水位也将对边坡的岩石强度产生削弱作用[18]，最终导致岩体失稳破坏。渗流是水在渗透力作用下在岩体中发生流动的现象。在岩质边坡中其影响主要体现在如下几个方面。

1) 软化作用

水岩作用对蚀变岩的力学性质有明显的弱化现象，且水岩作用越强，弱化现象越明显[19]。当岩质边坡中的岩体或者软弱夹层的组成成分中含有易溶性矿物质时，在水的渗入侵蚀作用下，该部分岩体大多被泥化、溶解，从而使边坡岩体的抗剪强度大大降低，边坡最终将会发生失稳破坏。

2) 静水压力作用

岩质边坡内部张裂隙(图 1.4 中 a，b)的存在会使水充填进入而产生水压力，因此降雨和地下水作用会使岩质边坡中后部的节理和张拉裂隙充水，产生的静水压力会影响裂隙两侧的岩土体(图 1.4)。关于岩体受水岩作用影响机理，从水物理角度看岩石内部的微缺陷进一步发展，引起内部损伤，导致其力学性质的改变[20,21]，当遇到连续降雨或者暴雨天气时，滑体内部会产生不利于边坡稳定性指向临空面的侧向推力，加速了边坡的变形发展，最终导致滑坡现象。

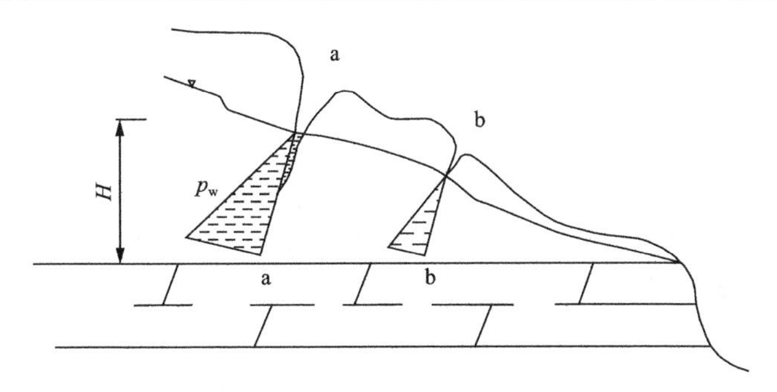

图 1.4 张裂隙中的静水压力

当水位上升时，地下水由于在上升过程中受到上部不透水层的阻隔，在滑体底部滑动面上的水体会产生作用在岩体底面上的静水压力作用(图 1.5)，对边坡造成不利，降低了滑体的抗滑力。边坡的稳定性随着地下水位的升高变得越来越差。

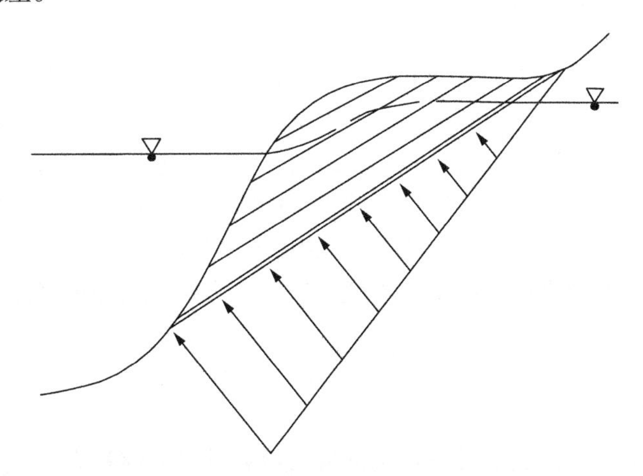

图 1.5 静水压力削减结构面上的有效应力

3) 动水压力作用

在水压力梯度的作用下，透水性较强的边坡岩土体使排出的地下水会对斜坡产生动水压力，同渗流方向一致的动水压力多指向边坡临空面且对边坡的稳定性产生不利影响。

4) 浮托力作用

在浮托力的作用下，边坡水下部分的坡体有效重力降低，减小了边坡抗滑力，继而影响到边坡的稳定性。在矿坑蓄水后，浮托力使得那些组成部分多为松散堆积体的边坡极易发生失稳破坏。

5. 岩体强度

边坡岩体的力学特性是岩质边坡整体稳定的直接影响因子，岩性特征对岩体的结构形态、强度以及在外部环境影响下保持力学性能稳定起着决定性作用。岩石的物理化学性质和地质成分是进行岩性分析的主要研究内容，其直接影响着边坡的变形破坏。由于边坡地质条件复杂，地层岩性差异大，构成的矿物成分不同，每类岩性具有独特的性质。对于透水性强的边坡，一旦发生降雨，在水的浸润作用下就会导致边坡整体稳定性降低，而在干燥自然状态下安全性往往较高。因此由各种组合形成的岩体边坡的结构特性各不相同，边坡的变形破坏形式也就各不相同。

6. 爆破作用

由于开挖爆破产生的动力在一瞬间有一个冲击作用，迫使周围边坡岩体被迅速压缩，随冲击波的不断传播，边坡的自由面方向随压缩岩体的运动扩张而被拉伸，因此边坡岩体会受到一定的拉力作用。通常情况下岩体抗压强度远大于抗拉强度，在拉力作用下，边坡自由面附近的岩体会被拉裂，原有节理和裂隙也会逐渐扩张增大，当边坡岩体中存在软弱夹层时，在爆破振动影响下发生液化，从而造成岩体抗剪强度的减小，其中振动造成局部岩体裂隙发育，是边坡出现塑性变形的主要原因[22]。所以，爆破作用通过多种途径影响岩质边坡的稳定性，在某种程度上构成了影响岩质边坡稳定性的主要外部因素。

7. 重力作用

岩体的重力是构成下滑因素及抗滑因素最重要的体积力，主要是在选取不同岩性的 γ 值上，是引起边坡滑动的最基本因素。边坡形成过程中，在自重影响下边坡坡脚会出现应力集中现象，会扩大边坡岩体原有裂隙面或者产生新的裂隙面，破坏了边坡的平衡条件，不利于边坡的稳定[23]。

8. 开挖作用

边坡开挖过程中，会由于岩体浅表改造而产生新的外生应力，这种现象称为岩体的开挖卸荷。边坡岩体中存在着大量的高应变能，高应变能在岩体挖空后会逐渐释放，特别是岩体开挖后的临空面为高应变能的释放提供了空间。随着应变能的释放，岩体浅表层原始应力场发生应力重分布，新的应力场在岩体深处发生应力集中。

边坡开挖前，边坡岩体处于自然平衡状态；边坡开挖过程中，岩体不断受到外力影响，边坡岩体扰动，进而引起明显的应力重分布。矿坑边坡岩体在金属成矿时期，频繁出现的构造作用，导致边坡岩体多为损伤岩体；开挖卸荷会导致损伤岩体缺陷进一步发育，岩体力学性质劣化严重。同时，由于上部荷载减小、侧向约束解除，边坡深部岩体在一定程度上出现松弛，具体表现为边坡岩体在开挖卸荷作用下，岩体力学参数逐渐降低。

9. 其他因素

1) 施工工艺及顺序

边坡稳定性在不同程度上会受到机械开挖或爆破开挖的施工工艺及工序的影响。岩体原始应力在开挖后会发生显著变化，使岩体内部产生较大变形，最终导致岩层错动分离。

2) 时间效应

软弱夹层普遍存在于边坡岩体中，随着剪应力作用时间的推移，软弱夹层的抗剪强度会降低，所以蠕滑变形在软弱夹层中尤为突出，从而会引起边坡整体变形。

3) 风化作用

岩体内部会受到各类物理化学风化作用，从而产生各种不良现象，如岩体强度减弱、结构面破坏、产生大量次生矿物等。同时，在风化作用下，岩体内部结构面暴露出来，从而使岩体内部原有节理及裂隙张开并扩展，结构面的存在大大降低了边坡岩体的整体完整性。边坡的稳定性也受风化作用的影响，受风化作用强的岩质边坡稳定性也越差。

4) 温度

温度周期作用对蚀变岩的力学性质有明显的弱化现象，随着温度周期循环次数的增多，单轴抗压强度和弹性模量均减小，且二者与循环次数 n 的关系服从指数分布[24-26]。

1.5 岩质边坡破坏形式与特征

1.5.1 破坏形式

岩质边坡大多是岩石，因此其稳定性取决于岩土界面的倾斜角度、边坡的倾向与岩体主要结构面的相对关系等，滑移型、倾倒型和崩塌型是比较常见的破坏形式。岩质边坡的变形是指边坡不会发生边坡的整体失稳，岩体只发生小范围的位移或破裂，并没有大范围滑移或滚动。而岩质边坡的破坏是边坡岩体在一定时间内产生较大相对位移。在岩质边坡岩体从开始破坏到最后失稳发生滑坡，变形和破坏是紧密相连的，变形是破坏的诱因，破坏是变形由量到质的积累所致。通常来说，松动和蠕动是边坡岩体发生变形破坏的常见形式。

1) 松动

在岩质边坡形成的开始阶段，边坡体在其表面形成张开裂隙，该裂隙平行于坡面产生，且倾角较陡，岩体受到张开裂隙切割的影响，朝向临空面一侧松开的现象，是一种倾斜边坡卸荷回弹的过程。

2) 蠕动

蠕动是指在重力作用下，边坡岩体随时间而发生的缓慢变形。软弱岩体易发生蠕动现象，往往是挠曲型变形。当边坡岩体为顺坡向的塑性岩层时，边坡下部通常产生揉皱型弯曲，甚至岩层发生倒转。水作为岩石蠕变重要的影响因素，对岩体物理状态和受力特性的改变非常显著，岩体周期饱水-失水造成的岩性劣化过程是一个效应累积的水岩作用损伤过程[27,28]，在水的作用下，边坡上的某些变形岩体可能顺着节理转动，从而出现倾倒式蠕动变形现象。如果变形继续发展，就会导致边坡破坏。

1.5.2 破坏特征

在不同应力条件下，岩体的构造特征及岩性不同，其变形破坏过程也不同。为了更好地减少和防止边坡失稳事故的发生，能够反映出岩质边坡演化过程的力学机理，综合大量的现场监测资料，首先初步判断岩质边坡破坏模式，结合现场勘查和其失稳破坏的特点，分析边坡失稳破坏的因素，提高边坡的稳定性。在前人研究岩体基本变形理论的基础上，结合高陡岩质边坡工程特点及其变形力学机制，分析边坡岩体最终可能破坏的方式及其特性。

岩质边坡的破坏类型，主要是受岩体的工程地质条件，特别是岩体结构面的控制。常见的破坏形式主要有 4 种：平面破坏、弧面破坏、倾倒破坏和楔形体破坏，具体如表 1.7 所示。

表 1.7 岩质边坡的破坏模式

破坏模式	标准图形	破坏形式	破坏条件	赤平图
平面破坏	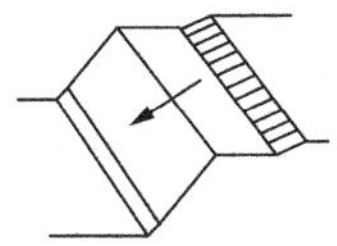	边坡沿某一主要结构面如层面、节理或断层面等发生直线滑动	(1)结构面倾向、走向与边坡一致；(2)结构面倾角小于边坡倾角；(3)结构面倾角大于结构面间内摩擦角；(4)结构面下端在边坡上出露；(5)结构面两端有自由面或其他结构面	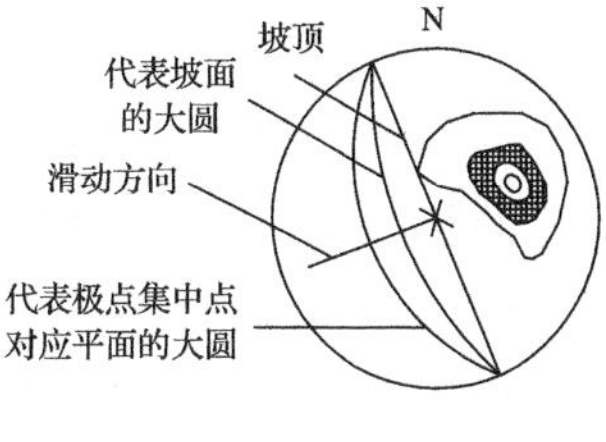
弧面破坏	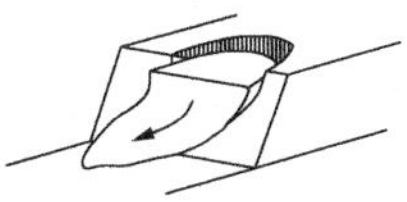	边坡岩体呈圆弧状破坏滑动	一般发生在散体状结构的岩体和均质的软岩中，如风化岩石、较软的沉积岩、土层和废石堆中，在破坏前坡顶往往出现明显裂隙	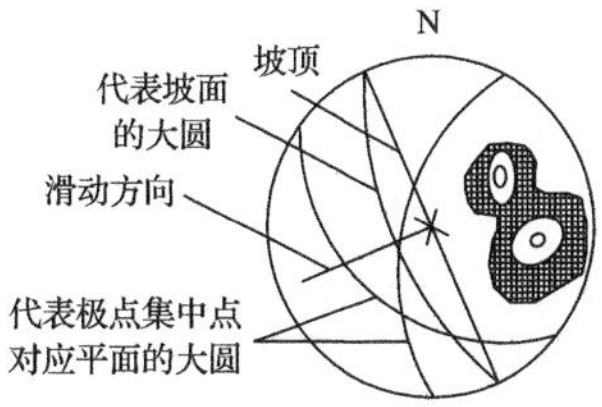
倾倒破坏	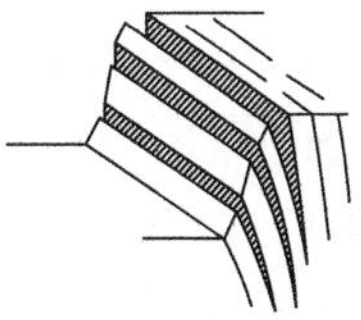	较陡的层状岩体底脚受压破坏发生弯曲、折断和倾倒变形引起的滑动	层状岩体的结构面与边坡平行，其倾向相反，且倾角较陡，使岩体在重力形成的力矩作用下向自由面变形	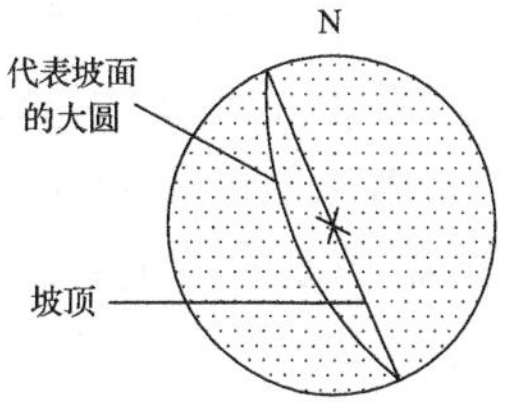
楔形体破坏	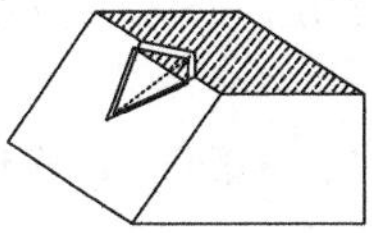	边坡岩体中有两组结构面与边坡相交，将岩体相互交切成楔形体滑动	两组或两组以上结构面的组合交线的倾向和边坡一致，其倾角小于边坡角，又大于结构面的内摩擦角，交线下端又在边坡上出露	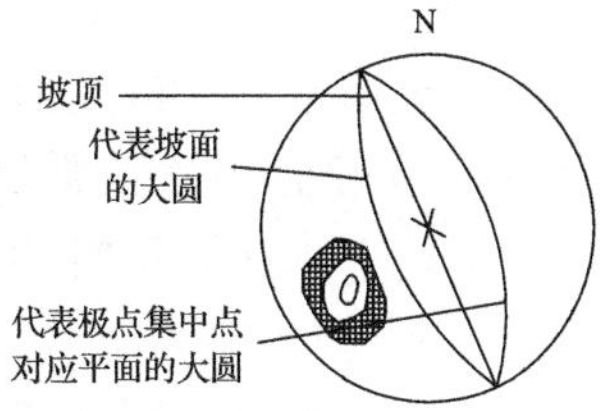

根据现场野外勘察结果，综合分析以上各个因素，矿区边坡滑体破坏模式的主要形式为圆弧形破坏。由地质资料可知，边坡眉线以北没有顺坡向的断层，而且坡体上部张拉裂缝倾角较陡，因此确定边坡的总体破坏形状为圆弧形。台阶边坡不连续面的存在，导致边坡上部沿断层产生滑移，下部剪断岩体的平面-圆弧复合型破坏。

1.6 岩质边坡滑坡灾害与防治

1.6.1 岩质边坡滑坡成因分析

1. 产生滑坡的内在因素

产生滑坡的主要条件：一是地质岩性与结构，这是滑坡发生的内在因素；二是内外营力和人为作用的影响。岩体不同于一般的工程材料，它的形成经历过漫长的地质年代，经受过各种地质作用和构造力的影响，岩体内充满着各种各样的结构面，岩体内的结构面及它控制下形成的岩体结构控制着岩体的破坏机制，可以出现多种失稳破坏状态。破裂结构面的存在导致岩体力学性质的显著弱化和强烈的各向异性。进行边坡治理的都是不良的复杂地质体，具有非均匀、非连续、流固耦合的特性，地质体中含有大量的断层、裂隙、节理、软弱夹层等。结构面的抗拉和抗剪强度都很低，其大小取决于结构面充填物的胶结强度和其粗糙度。受到拉伸时结构面会张开，而受到较大的剪切力时会沿着结构面发生错动形成滑坡。

2. 产生滑坡的外在因素

水是诱发滑坡的重要的外部因素，水对改变岩土体的力学特性起着关键作用，由于水的作用结构面的充填物强度会降低(软化)甚至损失[29-31]。据统计，降雨诱发的滑坡(通常称为降雨滑坡)在世界上分布最广，发生频率最高，在诸类滑坡中给人类造成的危害最大。水作为诱发滑坡或在滑坡出现之后加剧滑坡的主要原因包括以下几个方面。

(1)土壤水饱和或超饱和引起土体液化，抗剪强度降低，剪应力变小，产生位移，易造成同类土滑坡；

(2)地下水渗透至滑动面，滑动面阻止了地下水流过，界面土体液化，易产生顺层滑坡；

(3)大量的水从裂缝和深裂隙渗入滑坡破坏区，形成滑裂面，从而引起滑坡、坍塌和崩塌。判别滑坡最直接的方法是具有透水性或可溶性的土层覆盖在相对不透水层上或与相对不透水层互层的情况。滑坡改变地面水的排水情况及地下水的状况，滑坡开始迹象为坡趾附近泉眼流量中断或减小，滑坡停止泉眼流量增加或移位。

滑坡区的气候，包括降雨、温度、蒸发、风、降雪、相对湿度和大气压等，是影响滑坡的基本动力因素。

(1) 当降雨、降雪超过临界值时，伴随滑坡发生，引发山洪灾害。

(2) 因气候影响，岩体风化加强(特别是软质岩石 0～30MPa)，岩体结构疏松，形成临空面，产生滑坡。

(3) 人类活动负面效应引起滑坡区自然生态系统脆弱，植被不能使土体表层干燥和通过根系固结、稳定土体，引发滑坡。滑坡迹象有弯曲和变形的树木及植被的变化。

1.6.2 岩质边坡滑坡的防治

不稳定边坡给生产带来的危害与影响是巨大的。因此，矿山应十分重视不稳定边坡的监控，并及时研究采取合适的工程技术治理措施，从而确保生产人员和设备的安全。

1. 截住并排出流入不稳定边坡区的地表水

治理地表水和地下水的原则是：防止地表水流入边坡表面裂隙中，采用疏干措施降低潜在破坏面附近的水压。边坡疏干工程的布置，一般只限于排除边坡附近的地下水，而不是在广大范围内疏干地下水。边坡疏干的一般方法包括以下几个方面。

(1) 在边坡岩体外面修筑排水沟，排除地面水，防止其流入边坡表面张裂隙中。对已有的张裂隙应以适当材料及时充填。

(2) 钻水平排水孔，降低张裂隙或破坏面附近的水压。

(3) 在边坡岩体外围打疏干井，装备深井泵或潜水泵进行排水，降低地下水位。疏干高边坡可设置两个或两个以上排水水平。

(4) 地下巷道疏干可用于水文地质条件复杂的重要边坡岩体疏干，在巷道内可打扇形排水孔，以提高疏干效果。

在实际工作中，可根据边坡岩体水文地质条件，同时采用多种方法对地表水和地下水进行综合治理。

2. 采取人工加固工程

目前国内外在矿山边坡人工加固中，比较广泛地采用抗滑桩、金属锚杆和锚索，并辅以混凝土护坡和喷浆防渗透等措施[32-34]。

抗滑桩一般为钢筋混凝土桩，又分为大断面与小断面混凝土桩。大断面混凝土桩一般用于土体或松软岩体边坡中，在开挖的小井内浇注混凝土；小断面混凝土桩一般是露天矿边坡用的岩体抗滑桩，即在钻孔内放入钢轨、钢管或钢筋作为主要抗滑构件，然后用混凝土或压力灌浆将钻孔内的空隙填满。

抗滑桩施工简单，速度快，应用比较广泛[35]。

锚杆(索)一般由锚头、张拉段和锚固段三部分组成。锚头的作用是给锚杆(索)施加作用力；张拉段是将锚杆(索)的拉力均匀地传给周围岩体；锚固段提供锚固力。锚杆(索)的施工工艺比较复杂，但它可以锚固深处具有潜在滑面的边坡。由于可以对其施加一定的预应力，故能积极地改善边坡的受力状态[36]。

3. 减震爆破

减震爆破是维护露天矿边坡稳定比较有效的方法，包括以下几个方面。

(1)减少每段延发爆破的炸药量，使冲击波的振幅保持在最小范围内；每段延发爆破的最优炸药量应根据具体矿山条件试验确定。

(2)预裂爆破是当前国内外广泛采用的用来改善矿山最终边坡状况的最好办法。该法是在最终边坡面钻一排倾斜小直径炮孔，在生产炮孔爆破之前起爆这些孔，使之形成一条裂隙，将生产爆破引起的地震波反射回去，保护最终边坡免遭破坏。

(3)缓冲爆破是在预裂爆破带和生产爆破带之间钻一排孔距大于预裂孔而小于生产孔的炮孔。其起爆顺序是在预裂爆破和生产爆破之间形成一个爆破地震波的吸收区，进一步减弱通过预裂带传至边坡面的地震波，使边坡岩体保持完好状态。

4. 采取削坡措施

削坡，是较经济的方法，同类土滑坡和顺层滑坡较常见[37]。一是岩体受节理、裂隙切割，较为破碎，可能产生崩塌坠石、边坡局部失稳，可采取削除危岩，削缓边坡或顶部。二是对土质滑坡体，削缓边坡，以减小滑动力，提高边坡稳定性，但对坡脚阻滑部分不可削减。常有 3 种方法：①直接减缓坡度；②分级留出平台，削缓边坡；③挖填平衡减缓坡度，必要时对回填部分设置排水。

5. 采取减重措施

减重反压主要适用于推移式滑坡体，减重效果尤为显著。减重就是挖除滑体上部的岩(土)体，减少上部岩石重量造成的下滑力。反压则是在滑体前部抗滑地段采取加载措施以增大抗滑力，但反压部分填到坡趾的材料必须能反滤，需设置排水垫层，消除水的影响。

2 工 程 概 况

2.1 工程区域地质环境

2.1.1 地理位置

仓上金矿位于山东省莱州市三山岛境内，距莱州市北 25km，东邻山东半岛东西向交通大动脉烟(台)潍(坊)公路 15km，南距莱州市区 25km，北临国家一级开放口岸百万吨级码头莱州港 2.5km，现有“文三公路”与“城三公路”在此交汇，多条铁路贯穿境内，地理位置优越，水陆交通十分便利。其地理坐标为：东经 119°53′38″～119°54′51.2″；北纬 37°20′58.9″～37°21′44.4″，面积为 $2.52km^2$。

2.1.2 地形地貌

仓上金矿位于胶东隆起的西缘，为新生界地层。地面海拔 2～60m，地势东高西低，南高北低，最低点位于三山岛附近，海拔不足 2m，最高点位于卢家村附近，海拔为 76.2m。

仓上金矿由于露天开采，现已形成高陡岩质边坡，矿坑最高点海拔为 4m，最低点位于坡底，海拔为−193m，相对高差近 200m，属于超高陡岩质边坡，采场地形结构如图 2.1 所示。

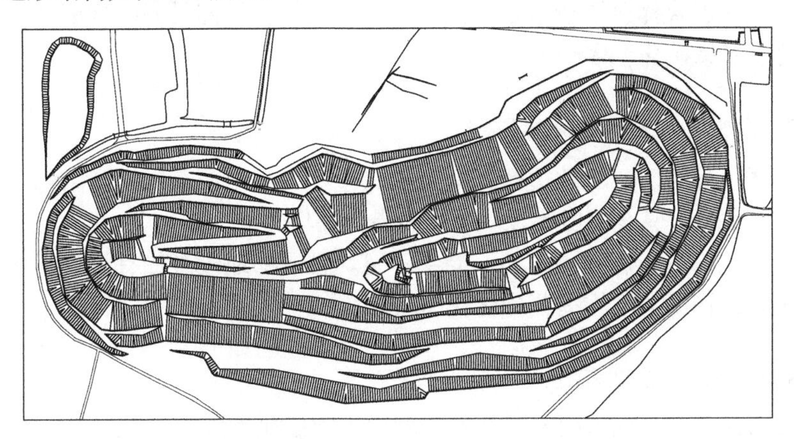

图 2.1 仓上金矿露天采场地形结构图

2.2 工程地层特征

岩性是决定边坡工程地质特征的基本因素，也是研究边坡稳定性的重要依据。从边坡变形破坏的特征来看，不同地层不同岩性各有其常见的变形破坏形式。例如，有些地层中滑坡特别发育，这是与该地层中含有特殊的矿物成分和风化物质而在地层内容易形成滑动带有关。由岩性对岩石力学性质的影响可知，坚硬、致密的岩体其抗剪强度较高，不容易发生滑坡；松散、破碎的岩体其抗剪强度低，容易发生滑坡。该区属华北地层大区(V)、晋冀鲁豫地层区、鲁东地层分区胶东地层小区。出露地层主要为新生界第四系，只在仓上村北有孤立的花岗岩露头。

2.2.1 第四系松散岩层

矿区地层主要为新太古代胶东岩群和后期地壳稳定后沉积的第四纪沉积物，厚度一般在10m左右，边坡北帮地表沉积厚度为6～8m。岩性自上而下为：中粗砂，厚度在3m左右；淤泥质亚黏土，厚度在5m左右；粉砂、细砂，厚度在2m左右。

2.2.2 岩浆岩

1. *花岗岩组*

岩性主要为花岗岩及花岗闪长岩。灰白色-浅红肉色，花岗变晶结构，块状构造，一般块体镶嵌较紧密。据岩矿鉴定质料，局部具弱的硅酸盐化、绿泥石化、黄铁矿化，多构成弱蚀变岩体。

2. *黄铁绢英岩化花岗岩组*

该岩组分布于矿坑北边帮，呈带状展布，与其北部花岗岩及南侧碎裂岩均呈过渡关系。厚度一般为35～90m，最大厚度为180m。灰白色，花岗变晶结构，块状构造，岩石较完整，局部碎裂。且局部地段叠加有浸染状和细脉状黄铁矿，构成了黄铁绢英岩化花岗岩。

3. *黄铁绢英岩化花岗质碎裂岩组*

该岩属典型的构造岩类，分布于矿坑中部偏北靠近F1断裂的下盘一侧，呈带状分布，厚度为40～80m，最大厚度为180m，靠近边坡位置。此外，在北侧的花岗岩体内也有似带状的黄铁绢英岩化花岗质碎裂岩带，明显构成弱面。

各岩组工程地质特征如表2.1所示。

表2.1 各岩组工程地质特征

岩组名称及其代号	组成岩组的岩性	岩石结构构造	蚀变类型及蚀变强度	岩体的完整性抗风化能力	岩块单轴抗压强度/MPa	分布地段
混合岩化斜长角闪岩	构成变质岩系地层的所有岩石	柱状变晶结构，片状、片麻状构造	中-弱的硅化、绿泥石化、绢云母化	岩体裂隙发育，但块体之间镶嵌紧密，易风化	82.97	主要分布于南边帮，东、西端帮
黄铁绢英岩化混合岩化斜长角闪质碎裂岩	斜长角闪岩的蚀变构造岩	变晶粒状结构，破碎块状构造	具较强的硅化、绿泥石化、黄铁矿化	岩体内裂隙极其发育，岩体多呈碎裂状、散体状，极易风化	26.47	F1断裂的上盘一侧
花岗岩	花岗岩、花岗闪长岩	花岗变晶结构，块状构造	弱的硅酸盐化、绿泥石化、黄铁矿化	裂隙较发育，块体之间镶嵌紧密	95.36	北边帮
黄铁绢英岩化花岗岩	蚀变的花岗岩、花岗闪长岩	花岗变晶结构，块状构造	具强的绢英岩化、黄铁矿化、弱的碳酸盐化	裂隙发育，岩石较完整，易风化	69.22	北边帮
黄铁绢英岩化花岗质碎裂岩	花岗岩的构造岩类	花岗变晶结构，碎裂块状构造	岩石普遍具黄铁矿化，强烈的绢云母化和碳酸盐化	裂隙密集，岩块多呈碎裂状、松散状	40.75	F1断裂的下盘一侧
第四系	亚砂土、海砂、海泥	松散粒状	—	呈松散的滨海相沉积物	—	整个矿区

2.3 工程地质构造特征

2.3.1 断层结构面性质

仓上断裂带的生成和发展受区域构造活动的制约，格局构造活动与矿化的时间关系，可分为三个阶段，即成矿前、成矿期和成矿后构造活动。经过如此复杂的构造运动之后，在矿区内形成了大量的断层，本书研究过程中主要对北帮边坡范围的断层进行详细分析。经统计，矿区内发育的断层多达近40条，但近顺坡向的大规模断层仅有F31断层和3号蚀变带两条。

F31 断层位于采场的中部，倾向为 124°～198°，倾角为 42°～75°，出露长度为 1000m，分布于整个矿坑，属于压扭性质。3 号蚀变带主裂面平面图如图 2.2 所示，F31 断层及 3 号蚀变带在 483～503 勘探线地质剖面位置如图 2.3～图 2.6 所示。

2.3.2 断裂腐蚀带

1. 蚀变带的形成

仓上金矿区域内在热液成矿作用下，近矿围岩与热液发生反应，而产生的一系列旧物质被新物质所代替的交代作用，致使围岩的化学成分、矿物成分以及结构、构造等均遭到不同程度的改变，形成蚀变带。矿坑范围内，主要分布 3 号断裂蚀变带，为影响北帮边坡稳定和氰冶厂区安全的最重要的构造破碎带。

2. 3 号蚀变带地质特征

3 号蚀变带位于矿区以北的氰冶厂区及 507 勘探线之间，并从氰冶厂区内通过。其走向在氰冶厂区内为北东向，厂区以西为北东东向，倾向南东，倾角为 50°左右，向深部有变陡的趋势。走向长约 400m，宽 10～20m。为影响北帮边坡稳定的最重要的一条构造破碎带。带内岩石为黄铁绢英岩化碎裂带，在钻孔过程中呈现出较为明显的破碎状、粉末状的砂石、粉砂、黏土等（图 2.7、图 2.8）。灰白色-灰色，变余碎裂结构，块状构造。主要由绢云母、石英、黄铁矿等矿物组成，黄铁矿以斑晶状、细脉状夹于岩石中。岩石受晚期构造活动的影响而破碎，并伴有高岭土化、黄铁矿化，呈星状或团块状，矿化不均一，局部蚀变较强，黄铁矿多已破碎或呈粉末状。

3 号蚀变带赋存于花岗闪长岩之内（图 2.9），其岩性是绢英岩化花岗岩和黄铁绢英岩化花岗质碎裂岩。3 号蚀变带赋存于两个层位不同的黄铁绢英岩化花岗质碎裂岩内，而黄铁绢英岩化花岗质碎裂岩的顶底板岩石都是绢英岩化花岗岩。蚀变带受断裂控制，其规模、形态、产状与断裂一致，断裂走向 NE40°～50°，倾向南东，倾角为 45°～50°，矿体位于主断裂上盘，两矿体均受两条糜棱岩构造带控制，构造处有 1～3cm 的黑色断层泥，糜棱岩带厚度不一。糜棱岩下盘为花岗岩，糜棱岩上盘为绢英岩化花岗岩，两带之间为绢英岩化花岗岩和黄铁绢英岩化花岗质碎裂岩。矿体赋存产状与构造带一致，矿体形态简单，岩石破碎，中等稳固，且矿化极不均匀。

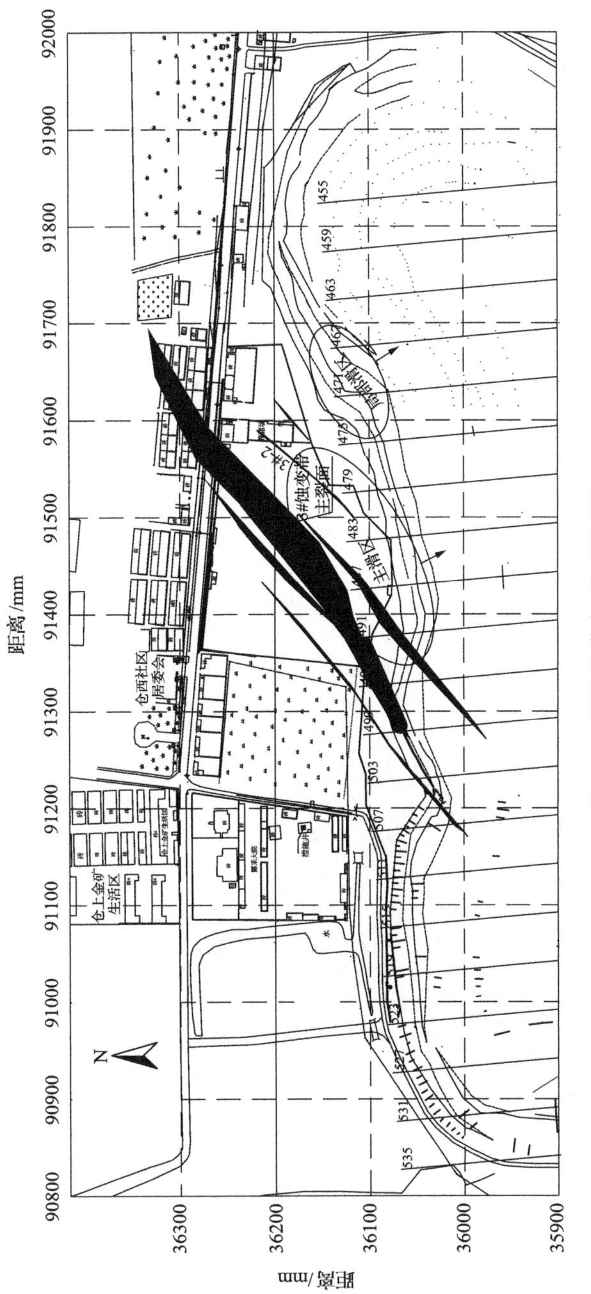

图2.2 3号蚀变带主裂面平面图

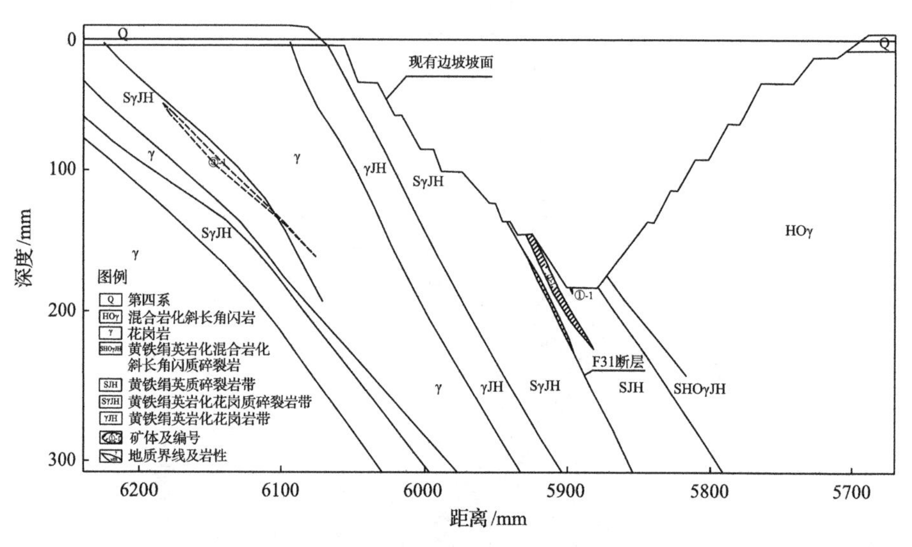

图 2.3　483 勘探线剖面

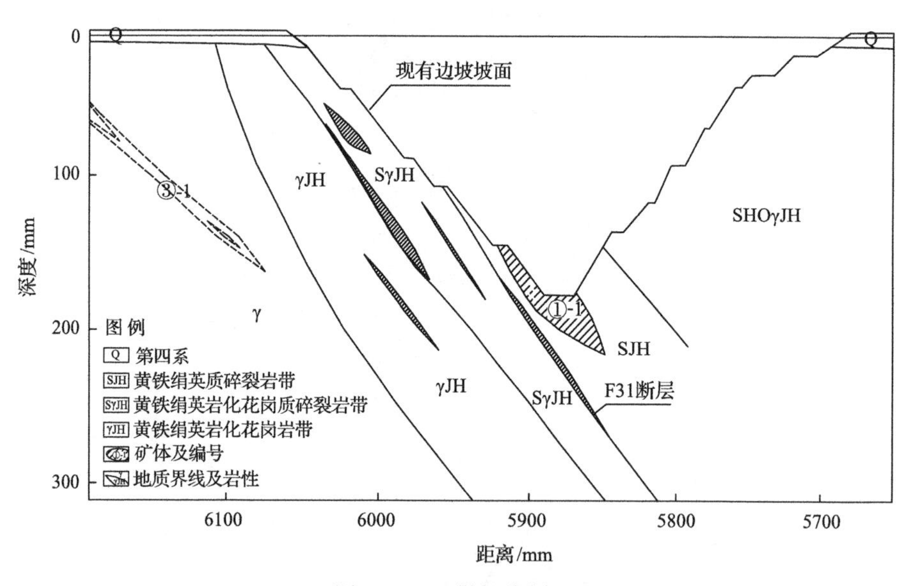

图 2.4　487 勘探线剖面

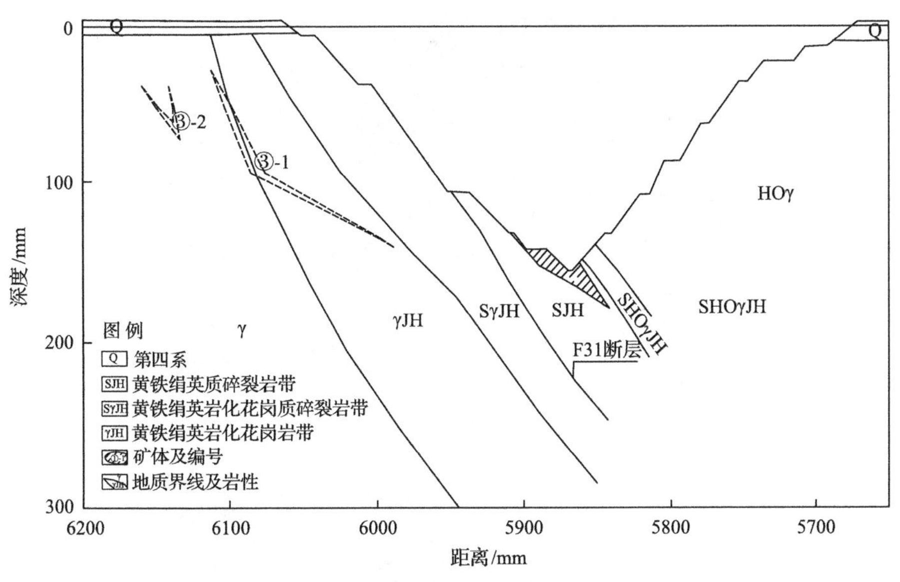

图 2.5 491 勘探线剖面

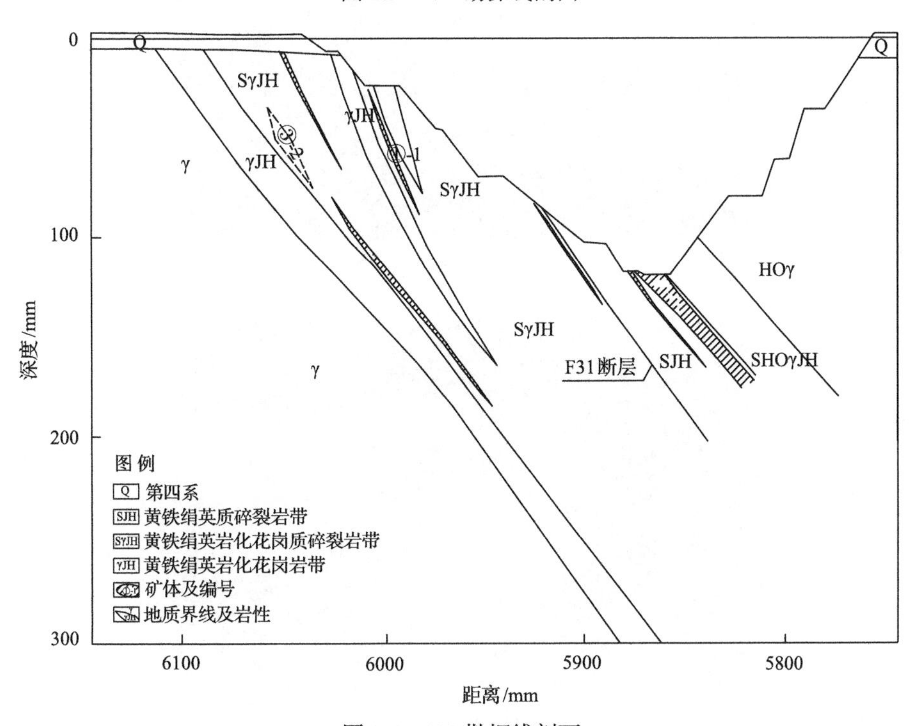

图 2.6 503 勘探线剖面

图 2.7　淤泥质亚黏土

图 2.8　粉砂、细砂

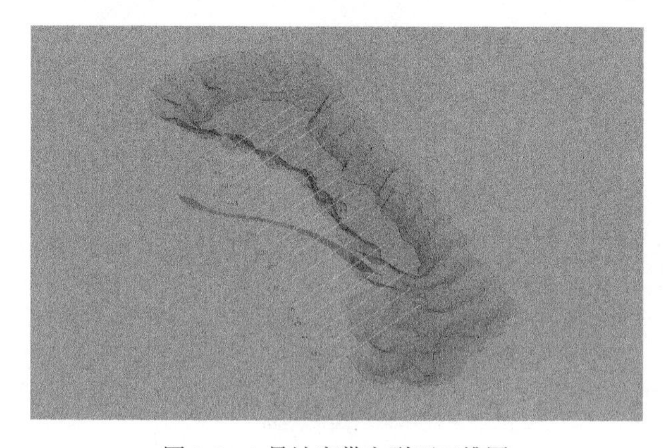

图 2.9　3 号蚀变带主裂面三维图

在 3 号蚀变带的底部有一层断层泥，厚度一般为 5～15cm，呈灰白色，局部呈灰色。前者多含角砾，为碎裂带岩质，后者较纯，内含有破碎的黄铁矿。从蚀变带的产状和发育规模分析其对边坡稳定性的影响，可知 3 号蚀变带为顺坡向，走向为 NE 向，在氰冶厂区与边坡走向斜交，故引起边坡失稳的破坏面为楔形状，并非顺层平面滑动，且仅对发育长度内的边坡稳定性有影响。从剖面上看，3 号蚀变带虽然为顺坡向，但由于其倾角较陡，因而其对边坡稳定性的影响应为局部发生失稳。

边坡岩体的稳定性受岩石的岩性、强度、构造、地下水位的高低、结构面的产状和位置、爆破震动等因素影响。对于岩质边坡而言，结构面的产状和位置对边坡稳定性起控制作用。特别是顺倾边坡，若边坡倾角大于结构面摩擦角而小于岩体的摩擦角时，很可能会沿结构面发生滑坡现象。

综上所述，矿区内发育的断层虽然较多，但近顺坡向的大规模断层主要是 3 号蚀变带和 F31 断层两条。其中 F31 断层位于采场的中部，在矿山开采过程中始终位于北帮边坡的坡角以下，对北帮边坡和氰冶厂区的稳定性影响较小。因此，矿区内能够影响到北帮边坡和氰冶厂区安全的主要构造是 3 号蚀变带。

2.4 工程水文地质条件

2.4.1 地表水系、水体

矿坑区域内的地表水系比较发育，主要有王河、朱桥河、龙王河、上官河四条河流。其中王河、朱桥河的规模较大，是区域的主要河流。地表水体是西、北部的渤海，地表没有大的淡水体。

1. 王河

王河分布在区域的西部和东南部，是莱州境内最大的河流。发源于莱州市东南部的丘陵区，流域面积约 720km^2，全长约 50km，河床上游窄下游宽，下游的宽度一般为 300～500m。距矿区的最近点在后邓村西，约有 4km，从近几年的情况来看，它对区域地下水的影响较小。由于河床两岸多为透水良好的第四系含水层，当遇到多雨年份时河床中的常年流水对地下水的影响会很大，甚至可以通过附近的第四系含水层影响矿区第四系地下水。

2. 朱桥河

朱桥河分布在区域的东部，是区域内的第二大河流，发源于朱桥东南部的丘陵区，全长 24km。河流面积约 180km^2，流向西北，在石灰嘴处注入渤海。河床近几年已常年干涸，只在 7～8 月的汛期才能短暂流水。距矿区最近的在吴家庄子村东，约有 12km。对矿区地下水没有任何影响。

3. 龙王河

龙王河分布在区域的西南部，是一条间歇性小河。发源于南部的西罗家营，全长 17km，流域面积约 47km^2，流向北西，在黑港口至朱由镇之间注入渤海。河床已常年干涸，只有在汛期才有短暂的流水。河水与两岸第四系地下水的水力联系密切，河流附近第四系地下水向西径流排入渤海，对矿区第四系地下水没有影响。

4. 上官河

上官河分布在区域的西南部，是间歇性小河。发源于莱州东北部的石砖头顶一带丘陵区，全长 21km，流域面积约 62km^2。河床已常年干涸，只在汛期有短暂的流水。该河距矿区较远，中间有龙王河相隔，河水对矿坑周围地下水没有影响。

5. 地表水体

区域内的主要地表水体是西、北部的渤海，海岸线总长有 48km。莱州市沿海属正规半日潮，渤海最高潮(1961～1985 年)的海拔为 2.53m，最低潮的海拔为–2.10m，平均海平面的标高是+0.04m。在自然状态下，地下水的水位(头)一般高于海平面，当沿海大量开采地下水使水位下降至海平面以下时，海水则补给地下水。

渤海海平面是当地的最低侵蚀基准面，仓上矿坑全部埋藏在当地侵蚀基准面之下，矿坑距渤海的最小距离只有 3km。从矿坑与海水的相对位置看，海水对矿区地下水可能产生较大的影响，但根据已有的资料证实，海水与矿坑的涌水没有联系。

2.4.2 岩层(体)水文特征

区内主要有两大类岩层(体)，即第四系松散岩层、斜长角闪岩为主的岩浆岩和变质岩，第四系主要分布在浅部。东部主要为残坡积及冲洪积层，富水性中等或较弱；西部以海积和冲积层为主，透水性、富水性较好。岩浆岩、变质岩小部分出露地表，绝大部分埋藏在第四系之下。

1. 含水层

第四系孔隙含水层主要分布在区域的西部和北部，面积约 230km^2。主要由砂砾、粗砂、中砂、含砾亚砂土等组成，层位变化较大，规律性较差。

2. 基岩风化裂隙含水层

区内的基岩裂隙风化含水层主要有两种类型，即胶东群变质岩系中的风化裂隙含水层和花岗岩风化裂隙含水层。前者由于年代较老，受构造运动影响次数多，岩石硬度低、易风化等，透水性、富水性比后者强。

3. 胶东群变质岩系构造裂隙含水层

岩性以混合岩化斜长角闪岩、黄铁绢英岩化混合岩化斜长角闪岩、黄铁绢英岩化混合岩化斜长角闪质碎裂岩为主，分布在三山岛断裂带与焦家断裂带之间的大部分地区，面积约 115km^2，全部埋藏在胶东群变质岩系风化裂隙含水层之下，埋藏深度大于 30m。含水层厚度大于 500m，透水性、富水性不均匀，主要受构造裂隙的控制，随着深度的增加岩石的透水性逐渐减弱，水质明显变差。

4. 非含水层、隔水岩体

区域非含水层主要指东部丘陵区表层的第四系残坡积、坡洪积层及少量冲洪积层，隔水岩体是指深部的花岗岩体。非含水层分布在本区东部的乌盆吕家、王贾村、后苏、诸流、苗家、张官庄、城子埠一带，覆盖在风化裂隙含水层之上。厚度为 0.5～22m。由含砾中粗砂、亚砂土、亚黏土组成，岩石的透水性较差，地下水已被疏干，是大气降水补给基岩地下水的主要通道，当大气降水充足时，可以转化成含水层。

隔水岩体主要分布在花岗岩风化裂隙含水层之下，厚度大于 500m。深部的花岗岩由于硬度较大，构造裂隙不太发育，岩石的透水性、富水性均较差。

2.4.3 区域断裂水文地质特征

1. 区域断裂的分布

区域内比较大的断裂有 5 条，分别为三山岛断裂破碎带、焦家断裂破碎带、麻渠断裂带、西由断裂带、后邓断裂带。

焦家断裂破碎带分布在区域的东部，规模很大，属压扭性断裂带。工作区内断裂带的长度约为22km，在焦家村附近断裂带的宽度最大，可达350m。朱桥以北地区断裂带沿胶东群变质岩和花岗岩的接触带分布，其以南断裂带发育在花岗岩及胶东群变质岩中，断裂带附近是深部基岩较好的富水部位，下盘地下水在断裂带附近具有承压特征。麻渠、西由、后邓三条断裂带分布在本区的中部，发育在胶东群变质岩中。根据区域构造应力分析：北部的西由、后邓两条断裂带应属压扭性，南部的麻渠断裂带应属张扭性。断裂带的两侧构造裂隙发育，透水性、富水性中等，是深部基岩较好的富水部位。

2. 三山岛断裂破碎带的水文地质特征

三山岛断裂破碎带分布在区域西部沿海的仓上-三山岛一带。断裂带沿胶东群变质岩和花岗岩的接触带分布，属压扭性断裂。断裂带的中间部位不透水，分布连续，是良好的隔水带，两侧构造裂隙较发育，是较好的富水部位，由于岩层所处的构造部位不同，构造带的破碎程度、宽度不同，其富水性也有一定的差异。北部的三山岛附近富水性较好，仓上金矿附近富水性较差，地下水具有承压、半承压性质。

2.4.4 地下水的补给、径流和排泄

区域内的地下水主要是靠大气降水补给。根据补给、径流、排泄条件的差异，可将其划分为两个区，即东部丘陵区和西部平原区。

1. 东部丘陵区

东部丘陵区指大西庄、小刘庄、后吕、肖家、大朱石及其以东的大部分地区。地下水主要接受大气降水补给，大气降水部分以地表径流的形式向西北排泄出去，在径流的过程中一部分可以下渗补给径流区的第四系含水层，另外一部分则直接下渗穿过第四系补给下伏的基岩风化裂隙含水层。近几年由于区域性的气候干旱，大量开采地下水，降低了地下水位，减少了地下水的水力坡度，削弱或终止了地下水的侧向径流，农业灌溉已成为地下水的主要排泄途径。另外，灌溉回渗也是地下水的又一补给途径，由于地下水埋藏较深，使其对地下水的影响不明显。农业灌溉加速了地下水的垂向循环，这对第四系的透水性和地下水的水质将产生一定的影响，也使地下水资源面临枯竭的危险。

2. 西部平原区

西部平原区分布在本区西北部沿海地区，面积约 240km^2。地下水有三个主要补给途径，即上游含水层的侧向径流补给、大气降水补给、区内地表径流的下渗补给。区内地势平坦，地表径流条件差，含水层的透水性又较好，地下水接受大气降水补给能力较强，大气降水是地下水的主要补给源。区内河流、冲沟发育，上游地区和本区的地表径流在排入渤海的途中，下渗补给河床及其附近的第四系地下水，成为地下水的又一重要补给源。

3　尾矿库岩质边坡稳定性分析

3.1　概　　述

对于边坡稳定性的分析与评价，是经典土力学最早试图解决而至今仍未圆满解决的课题。在进行边坡的稳定性研究时，为了计算和分析方便，无论是传统的极限平衡法还是基于强度折减法的有限元数值模拟，通常都以平面应变状态来解决边坡的实际问题。然而现实中的边坡由于其地质环境和几何形态的唯一性，很难用简单的二维分析来描述其所有的受力状态，为了更加真实地描述边坡的几何形态和受力状态，提高分析精度，应该采用三维分析的方法。因此，三维分析在边坡稳定性及加固设计中更加合理和真实，相对二维分析具有更大的发展前景。

目前，在边坡稳定性分析方法中应用最为广泛的主要有三种：①极限平衡法，考虑影响边坡稳定的主要因素，利用滑体沿假想滑动面滑动的极限平衡条件进行分析；②室内模型试验，通过地质调查和野外勘查，建立滑动体的地质-物理模型进行室内模型试验，根据试验结果进行边坡稳定性分析；③数值分析法，对边坡滑动体进行应力-应变(变形)分析，通过有限元、边界元等数值计算方法对边坡进行较为严格的应力、应变和位移分析。

3.1.1　极限平衡法

在边坡稳定性分析的方法中，最先被人们提出并获得广泛应用的是极限平衡法，极限平衡法基于人为假定的滑动面，假设边坡处于极限平衡状态，然后将滑面上部的滑体平均划分为若干刚体条块，并为其设定边界条件，通过对每一条块建立静力平衡方程进行求解，分析各条块的受力状态，考虑各条块之间的相互作用，最终求解平衡方程组，得到边坡的稳定系数。1916年，瑞典Petterson最早提出极限平衡法，后来Fellenius、Taylor、Janbu、Bishop、Morgenstern、Sarma等很多学者致力于对极限平衡法的改进，研究出使用不同条件的新方法[38]。

在极限平衡法中最重要的是滑动面的假定，因此在该方法的修正过程中，除了安全系数的修正外，最重要的还是针对滑动面位置的修正。Leshchinsky

和 Ambauen[39]对极限平衡法中假定临界滑动面位置的确定方法通过引入变分法进行了改进；Milutin 引入微积分的思想，将整体的安全系数划分为每一条块的安全系数，然后通过一定的法则计算出整体的安全系数；Stark 等在边坡极限平衡法从二维推广到三维的进程中做出了重要的贡献，从而使计算的结果更加贴合实际情况；Kumsar 等通过条件严格的室内试验，指出可以将动力作用因素考虑到边坡极限平衡法的分析中，并且结合实际的边坡工程也验证了该方法的可行性。

在极限平衡法发展的历史上，我国大量研究人员在理论发展和创新方面做出了很大的贡献。陈祖煜等[40]提出了三维 Morgenstan-Spence 法，李同录等[41]提出了三维 Sarma 法；杨松林等[42]提出了应用于岩石边坡稳定性分析的广义条分法，克服了传统竖直条分法和萨尔玛法存在的缺点，由于该方法给出了潜在滑动面及其安全系数，其计算结果更加符合边坡工程实际情况而获得了大范围的推广应用；朱大勇和钱七虎[43]、郑宏[44]从不同角度出发，对满足三维边坡安全的 6 个平衡条件进行研究，并分别得出极限平衡法的解答。李冬田和余运华[45]应用岩石边坡多层 DEM 几何模型提出了一种三维极限平衡法；张亮等[46]在大冶铁矿东露天采场狮子山北帮边坡工程中，对比分析了瑞典法、毕肖普法和简布法 3 种方法，分别计算了边坡的稳定性安全系数，并对边坡岩体进行了评价。该方法的力学模型十分简单，物理意义相对比较清晰，可以快速获得边坡的稳定系数，评价边坡的稳定性。但是，该方法需要先假定边坡破坏的潜在滑动面，对于均匀的土质边坡计算效果最好，对于其他地质条件、边界条件等较为复杂，又受到应力历史、时间因素等影响的边坡，不但其潜在滑动面的确定工作较为困难，在岩土体材料的应力-应变关系不精确的条件下，边坡稳定性分析存在较大的问题。

3.1.2 室内模型试验

岩质边坡稳定性以及边坡变形破坏机理的研究方法主要包括相似模型试验以及工程现场力学试验，实际的岩土工程实践中，模型试验常常被采用。边坡的物理模型试验是借鉴地质力学物理模型试验中的地质结构模型试验，物理模型试验的优越性在于它能根据具体工程实践，对所建立的物理模型施加与实际工程大体一致的施工工艺流程、外部载荷的作用以及时间效应的影响，较好地模拟边坡实际的存在状态，尽可能地实现边坡岩石变形破坏的过程，能够为边坡破坏机理的分析以及数值模拟结果提供依据。相似模型试验首先要选择合适的材料来模拟边坡岩土体，通过相似物理模型试验设计理论方法，进行材料选择，如砂土、混凝土等，然后进行模型设计与可行性评价。

欧美发达国家对结构模型试验研究起源于20世纪初，并逐渐发展起相似物理理论体系。20世纪50～60年代，Fumagalli等根据著名的意大利瓦依昂水库岸坡岩体滑坡事件，分析具体的工程地质概况并建立地质力学模型，进行三维模型破坏研究试验，分别研究了水库坝体的稳定性及变形破坏过程，取得了较为理想的研究成果。70年代以来，国内许多学者对边坡地质力学模型进行了许多研究与发展。陈宗基等[47-49]针对露天矿岩质边坡稳定性，进行了较为系统的边坡岩体力学性质的室内试验分析，有效地推动并发展了我国岩质边坡稳定性分析的研究进程。我国首次完全意义上的地质力学模型试验是由长江水利委员会长江科学院主导完成的葛洲坝泄水闸抗滑稳定试验，自此之后，国内对于地质力学模型的试验研究普遍开展起来。

近年来，陈从新等[50]以顺层岩质边坡作为研究对象，针对边坡的开挖过程，进行相似模型试验，结果表明顺层倾角越小，边坡岩体内部裂隙结构面的抗剪强度越大，边坡稳定性越高。丁多文和彭光忠[51]针对某排土场边坡的稳定性研究，通过模拟降雨条件下的室内边坡模型试验，分析得到实验数据与现场监测基本相同。李龙起等[52,53]针对含软弱夹层的岩质边坡的位移变形发展模式特点进行了模型试验研究，得出了较为满意的试验结果。此外，还有部分学者分别研究分析边坡模型试验方法，所取得的研究成果对边坡稳定性问题的研究具有很大的贡献[54,55]。

岩质边坡稳定性分析需要结合各种理论与方法综合的研究与分析，而物理模型试验是综合理论中不可或缺的一部分。模型实验方法的优越性在于能够根据具体的工程实践条件，全面考虑各方面影响因素，尤其是在理论计算中难以用力学计算考虑的部分因素，在各方面条件都具备的情况下，能够取得较为接近工程实际的分析结果，对于工程实践的指导可靠性较高。

3.1.3 数值分析法

数值分析法可以根据边坡的边界条件、岩体破坏准则，有效解决边坡工程地质条件复杂，边坡岩体不连续性等问题，能够分析边坡破坏位置、破坏过程，得到边坡工程的应力场、应变场和塑性区分布情况。由于计算机技术的快速发展，数值分析方法能够模拟边坡分步开挖、边坡岩体和支护结构之间的相互作用，并且也可以将爆破和地震作用、地下水渗流等问题考虑在内进行边坡稳定性分析，是一种分析评价岩质边坡稳定性的重要技术方法。

岩土工程中常采用的数值方法包括快速拉格朗日法(FLAC)、离散元法

(DEM)、有限元法(FEM)、不连续变形分析法(DDA)、边界元法(BEM)等。在国外，从 20 世纪 60 年代开始，很多学者就开始运用数值模拟的方法来确定边坡安全系数的大小。其中的学者有 Bahrani 和 Tannant[50]、Ahmadi 和 Eslami[57]、Zhao 等[58]、Ataei 和 Bodaghabadi[59]等。

由美国学者 Cundall[60]提出的离散元法和 FLAC3D 计算方法，在解决离散的、非连续的和大变形问题方面有着十分广泛的发展前景与应用范围[61]。一些不连续变形分析方法、流形元等数值方法广泛应用于边坡稳定分析中，加快了人们对边坡破坏失稳机制的研究。自从 Clough 和 Woodward[62]把有限元法引入岩土工程领域以来，并广泛用于工程计算，得到了快速发展，现已成为一种比较成熟的数值分析方法。有限元法利用自身严格的理论体系，考虑滑坡体的应力-应变关系，在边坡变形发展与流固耦合方面占有独特的优势。

有限元法是通过边坡整个滑面上的抗剪强度与实际产生的剪应力之比来计算安全系数的。目前主要有两种方法：一种是与极限平衡原理相结合的有限元计算方法[63,64]，另一种是基于强度折减的有限元计算方法。前者是基于滑面应力分析，以有限元应力计算作为基础，分别采用不同的优化方法来确定最危险滑动面，计算过程简单，但是没有反映出边坡的渐进破坏过程和滑体破坏范围，理论上存在缺陷；后者是一种直接通过折减计算参数来求得稳定系数的方法。

强度折减法早在 20 世纪 70 年代就已经被专家提出,但是直到 20 世纪末，Griffiths 和 Lane[65]、Smith 和 Griffiths[66]、Dawson 等[67]运用强度折减法对一些边坡典型算例进行分析，所得计算结果与传统方法相同，从此引起了许多国内外专家的研究。国内以郑颖人院士领衔的团队在有限元强度折减法的研究方面进行了大量的工作，并取得了很多成果[68-71]。程谦恭等[72]通过有限元模拟分析，分别利用弹塑性和黏弹塑性理论的本构方程，模拟了高边坡岩体渐进破坏机理与过程。孙冠华[73]利用有限元强度折减法求得了二维和三维边坡的滑动面。李维朝等[74]结合盐津变电所岩质开挖边坡实例，在三维条件下采用强度折减法计算分析边坡开挖和加固后的稳定性。马建勋等[75]基于强度折减法结合工程实例分析了三维边坡稳定性。此外，年廷凯等[76,77]、葛修润等[78]和邓楚键等[79]分别从不同角度对强度折减法进行了研究和应用，很大程度上推进了强度折减法的发展。

关于水位变化对边坡稳定性产生的影响，目前还没有形成统一的理论。黄茂松和贾苍琴[80]研究了饱和-非饱和渗流条件下的边坡稳定性，利用强度折减法得出边坡安全系数随库水位变化的趋势。秦哲通过室内试验、理论分析、数值模拟和现场监测相结合，研究露天坑水位升降变化下边坡的岩石力学特性和边坡稳定性，得出边坡典型剖面的临界水位值，分析了边坡稳定性，取得了一定的研究成果。孙永帅等[81]通过数值模拟分析了边坡变形破坏的机理，并指出水位变化会对边坡稳定性产生很大影响。

虽然强度折减有限元法存在不足，但是该方法在理论体系上比极限平衡法更为严格，在边坡稳定性分析方面，该方法结合了强度折减、极限平衡和有限元三大类型原理，通过折减计算参数求解稳定系数。强度折减法是目前利用数值分析方法进行稳定性分析最为直接的一种方法，正成为边坡稳定性分析研究的新趋势。

3.2 尾矿库边坡稳定性研究现状

3.2.1 露天矿边坡研究现状

我国露天矿普遍存在边坡稳定性问题日益突出的问题，如平庄西露天煤矿、元宝山露天煤矿、武钢大冶铁矿等发生过大型滑坡，经济损失比较惨重。由于露天矿边坡自身独有的特征和特性，如地质条件复杂、裸露岩层多、边坡高、走向长等特点，一旦发生滑坡灾害，将会严重威胁人民的生命财产安全。在露天矿的设计和生产过程中，随着开采深度不断加深，边坡稳定性问题被研究人员广泛关注，并且对露天矿边坡稳定性开展广泛的试验分析与理论研究，建立起露天矿边坡稳定性成熟的分析方法和理论，逐渐发展成为一门独立的综合学科。

从20世纪70年代末开始，众多学者致力于对我国露天矿进行实地勘察、稳定性分析及研究，形成的新理论、新方法和新设备结合起来共同维护边坡稳定性。通过边坡角的合理设计使施工生产更加经济合理。因此国内外学者大量地研究边坡稳定性问题，建立不同的边坡稳定性评价标准以及提出分析边坡稳定性评价的方法。赵尚毅等[82]研究并提出基于不同 Drucker-Prager 准则的边坡安全系数转化方法，结合有限元数值模拟软件，利用强度折减法，提出并建立边坡稳定性评价及预警预报体系，并在实际工程中得到应用，验证了有限元法在边坡稳定性评价中的可行性，使岩质边坡研究领域的缺陷得到弥补。由于露天矿边坡工程的复杂性，在不同地质条件下仍然存在许多局限性[83]，因此对边坡稳定性的研究工作任重而道远。

许多学者根据不同的理论研究有效地评价边坡稳定性，试验研究方法不断发展，由室内物理模型试验发展到原位原型试验、从定性分析到定量分析、由理论解析研究到数值模拟分析，研究方法不断改进、不断优化，更加符合工程实际。由于岩体工程的复杂性，无法仅采用一种方法来全面准确地评价高陡岩质边坡的稳定性，且二维分析不能真实反映边坡实际受力状态和失稳破坏模式，所以如何能够合理地利用不同方法评价边坡稳定性，三维分析对边坡工程安全性评估和加固设计更具有实际意义。

3.2.2 仓上金矿边坡研究现状

目前影响仓上金矿矿区边坡稳定性的构造主要是F1断层和3号蚀变带，其中F1断层位于仓上金矿露天坑的中部，且位于矿坑边坡北侧的坡脚以下，对于边坡的稳定性影响不大，而3号蚀变带是宽度为10～20m，长度为400m左右的构造破碎带，位于矿区氰冶厂区和507勘探线之间。3号蚀变带倾角靠近地表部分倾角近50°，越往深处，倾角越大，总体倾角为50°～60°。3号蚀变带内岩层为黄铁绢英岩化碎裂带，灰白色，变余碎裂结构，呈松散块状构造，黄铁绢英岩化碎裂带主要由石英、绢云母、黄铁矿等矿物组成，其中蕴含黄铁矿，黄铁绢英岩化碎裂带受晚期构造活动的影响，为斑晶状、星状或团块状，总体呈破碎状，局部伴有高岭土化，矿化不均一，蚀变严重，呈细脉状夹于岩层中，严重影响边坡的安全。仓上金矿露天坑边坡北侧150m范围内有厂区建筑物和公路，根据现场安全监测，目前边坡局部有滑移，滑移造成了边坡顶部出现拉裂破坏，如图3.1所示。

图3.1 边坡北侧滑移现状

由于503勘探线边坡体位移持续发展，不仅造成北侧边坡顶部出现了拉裂破坏(裂缝最大宽度为25cm，最大可见深度为50cm)，而且使得北侧部分建筑物不均匀沉降而结构开裂，如图 3.2 所示。

图 3.2　边坡滑移导致建筑物破坏

3.3　尾矿库内尾砂对边坡稳定性的影响

三山岛金矿的黄金储量超 1500t；三山岛金矿原有 8000t 选矿厂，年处理矿石 360 万 t，但除掉井下充填，每年仍剩余约 150 万 m^3 固体尾矿需要处理。为了减少新建尾矿库的投入，同时为了充分利用露天坑，于 2013 年开始，将仓上金矿露天坑作为新的尾矿库使用。由于该尾矿库建设工程是以露天采矿坑作为尾矿库，不建设尾矿坝，库容为露天采坑容积。因此，尾砂已成为影响矿坑稳定性的主要因素。尾砂作为一种具有较大污染性的物质，不能随意排放，其后期处理是一项艰巨且重要的任务。废弃露天坑作为储存尾砂地无疑是充分利用资源的有效手段，同时也是响应国家“绿色矿山”的正确决策。然而，尾砂所具有的天然特性将影响尾矿库内的地质水文条件，包括库内水环境、库内边坡稳定性、库周围地质环境等，因此针对库内排放的尾砂进行特性研究对尾矿库内外的安全稳定、资源环境的保护有着极其重要的影响。

3.3.1　尾砂填充现状

三山岛金矿区位于胶北隆起区的西缘，主要为蚀变岩型矿化，在局部张性空间也有含金石英脉产出，尾矿特性如表 3.1 所示，尾矿库库容如表 3.2 所示。

仓上金矿露天坑于 2013 年 4 月 1 日正式开始充填尾矿，此时测得矿坑水面标高–110m，坑内积水约 400 万 m^3。为了提高洗矿水的利用效率，于 2014 年

表 3.1 尾矿特性表

尾矿特性	尾矿类别		
	原尾矿（未分级）	溢流细尾矿（分级）	底流粗尾矿（分级）
尾矿量/t	7617.707	2539.236	5078.471
粒度组成	200 目占 62.67%	325 目占 70%	200 目占 46%
尾矿比重	2.75	2.75	2.75
矿浆浓度/%	32.362	15.59	70

表 3.2 尾矿库标高、面积、库容表

标高/m	等高线面积/m^2	相邻等高线间库容/万 m^3	累计库容/万 m^3
–185	3097	0	0
–160	18040	26	26
–130	45110	95	121
–115	82778	96	217
–90	124674	259	476
–80	147545	136	612
–70	179255	163	776
–60	204669	192	968
–50	231833	218	1186
–40	262937	247	1433
–30	285415	274	1708
–20	303927	295	2002
–10	341711	323	2325
0	416343	379	2704

1 月 23 日设置流量为 200m^3/h、400m^3/h、500m^3/h 三台水泵组成洗矿水的循环系统，2018 年 3 月将流量为 200m^3/h、400m^3/h 两台水泵用流量为 600m^3/h 水泵替换；截至 2019 年 8 月，总回水量约 1750 万 m^3，环保效果明显。截至 2019 年 11 月，固体物总量约 324 万 m^3，水量约 864 万 m^3，使得矿坑内的水位比 2013 年 4 月 1 日上升了约 55m，达到了–53.68m，累积库容量达到 1100 万 m^3，水位对比图如图 3.3、图 3.4 所示。

图 3.3　2013 年 4 月矿坑水位

图 3.4　2019 年 9 月矿坑水位

根据尾矿库实际情况，矿坑东部开挖较深，西部开挖相对较浅，对矿坑开挖后受力状态进行分析，发现矿坑东部比西部出现明显应力集中现象，边坡岩石受力不均匀，将会引起滑坡事故。目前，坑内大约只有五分之一的固体物，而且绝大部分分布于矿坑东部。西路充填管路已于 2016 年 9 月建成作为备用管路，从 2018 年开始，进行西路充填并进行了矿坑中部的部分充填。

尾矿库排砂排放位置一共包括三个点(图 3.5)，即东侧排砂口、南侧排砂口及西南侧排砂口。目前东侧、南侧、西南侧排砂点都已产生尾砂细颗粒漂浮现象，其中尾矿库南侧尾砂排放点细颗粒漂浮现象最为明显。每个排砂口的位置都处于边坡边缘处，尾砂从管道排出后将直接落在尾矿库内边坡之上，形成尾砂堆积。尾砂在边坡上堆积会增加边坡的滑移趋势，加大边坡失稳的风险。

图 3.5　尾砂充填初状

3.3.2　尾砂成分特性

三山岛金矿地处第四系地层，矿区基岩成分主要为火成岩和变质岩，根据地质钻孔资料，基岩矿床附近地层岩性自上盘至下盘依次为黄铁绢英岩化的花岗岩、花岗质碎裂岩、断层泥(Fi 主裂面)、碎裂岩、花岗质碎裂岩及花岗岩。

矿石中主要金属矿物为黄铁矿、黄铜矿、菱铁矿、闪锌矿和方铅矿，以及少量磁黄铁矿、金银矿和自然金等；非金属矿物主要为石英、绢云母、方解石、绿泥石及少量的磷灰石、锆石、独居石等。矿石构造简单，以块状构造、脉状构造和浸染状构造为主；矿石结构主要为自形-半自形粒状结构、包含结构、交代残余结构、乳滴状结构及填隙结构。

矿石开采后被运往选矿厂进行选矿处理，选矿厂将矿石中的金矿成分挑选出来，矿石中的剩余成分将其研磨成粉并排入尾矿库内，尾矿库内排入的尾砂成分将由矿石中组分决定。尾砂密度、粒径分布如表 3.3、表 3.4 所示。

表 3.3　尾砂密度

类型	试验次数					平均值
	1	2	3	4	5	
尾砂干密度/(kg/m^3)	2012	2026	2018	2035	2014	2023
尾砂干容重/(kN/m^3)	19.72	19.85	19.78	19.94	19.84	19.83

表 3.4　分级尾砂粒径分布表

参数	粒径/μm					
	＞260.12	260.12～143.35	143.35～87.84	87.84～62.56	62.57～45.36	＜45.36
产率/%	14.215	55.822	11.240	5.528	3.589	9.606
累计产率/%	14.215	70.037	81.277	86.805	90.394	100

3.3.3　尾矿库内水砂占比情况

随着金矿的不断开采，尾矿库内的尾砂含量逐渐增加，尾砂在尾矿库内堆积量以及堆积方式对库内边坡稳定性将会产生明显影响。同时，库内水量与尾砂含量占比情况对尾矿库内安全具有一定影响。尾砂充填质量较低时，充填料中过多的水造成粗细颗粒的离析，致使尾砂粗颗粒和细颗粒分层最终导致充填体强度不均匀并且在水面形成干滩；尾砂中细颗粒和水泥易堵塞充填挡墙滤布，造成充填区脱水困难，可能严重污染输送管道。

自露天矿尾矿库作为尾砂排放处开始使用，选矿遗留下的尾矿与水一同排入尾矿库内，尾矿库尾砂含量大约占总库容量的五分之一，而水约占总库容量的五分之二，库内水位逼近警戒水位，同时尾砂排放位置多集中于库内边坡之上，对边坡稳定性不利。

随着尾矿排放量的积累，即便是采取尾矿废水的抽回重复利用，回抽量很难达到排放量，另外，固体尾矿物的不断积累形成干滩(图 3.6)，水位持续上升是必然的。同时，抽水也形成坑内水位的升降循环变化，水位的变化使得边坡产生岩体风化-饱水的循环状态，水岩作用对岩石的弱化现象比较明显，对边坡的稳定性会造成明显的影响。一旦水位超过临界水位，边坡出现大面积滑塌的可能性极大。

图 3.6　尾砂干滩

3.3.4 其他因素

除尾砂因素外，气候条件、风化作用、植被生长及采矿等人为因素也可能影响边坡的稳定状况。

风化作用使边坡的岩体随时间的推移，岩体强度不断降低进而引起破坏，最终也可能严重威胁边坡稳定。植被的生长也直接影响边坡的稳定，植物根系可保持边坡的稳定，通过植物吸收部分地下水也有助于保持边坡的干燥，在岩质边坡上，生长在裂隙中的树根也是边坡局部塌滑的原因。

在工程建设和生产建设中，人为地破坏坡脚、挖空坡脚、坡顶欠挖或大量堆载都可能引起边坡的失稳。在采矿工程中，由采矿引起硐室的坍塌也可能给边坡的稳定带来隐患。

3.4 边坡稳定性分析方法

边坡稳定性计算可以为滑体方案设计提供依据，直接关系到整个边坡研究，是一项综合评价工作。边坡稳定性计算的关键是运用先进方法和手段选取工程代表性剖面，分析边坡实际破坏模式，依据具体工程地质条件采用适当方法计算岩体强度系数。

分析边坡工程水文地质概况，研究岩石物理力学性质及地下水渗流场分布，归纳、总结和评价现场工程地质条件。将客观复杂的问题简化为合理的工程地质模型，即将定性分析转化为定量分析。由此确定具有代表性的计算剖面，并对选取剖面进行稳定性计算，从而研究边坡稳定性分析。影响边坡稳定性计算的主要因素有工程地质、水文地质、选取的滑坡模式是否合理、岩体力学参数的准确性及渗流场分布等。

滑体稳定性分析首先在吸收、消化边坡基本资料的基础上，对其进行系统总结和具体应用，为方案设计提供计算依据。因此，边坡稳定性计算方法的准确性和结果的可靠性将直接影响到边坡加固方案的设计。

一般来讲，滑体稳定性分析必须完成下列任务。

(1)分析边坡滑体破坏模式，确定边坡滑面位置，为加固边坡方案提供理论依据；

(2)选择各区段代表性剖面，利用理论计算代表性剖面的稳定性条件，确定边坡滑移的主要影响因素；

(3)求出在滑移段的推力；

(4)结合具体治理方案，实施相应措施，计算在工程实施后提供的剩余推力。

3.4.1 极限平衡法简介

目前，用于分析岩坡稳定性的方法有极限平衡法、赤平极射投影法和有限元法。极限平衡法是现有的对土坝稳定性分析中最古老、发展完善且最广泛为人使用的分析方法。其基本方法是假设土体破坏是边坡的内部产生了滑动面，导致部分土体沿滑动面滑动造成的。根据不同的条件可以自主选择符合莫尔-库仑强度准则的滑动面形状，如平面、圆弧面或其他不规则滑动面。现存的极限平衡法有很多种，如瑞典圆弧法、普通条分法、瑞典条分法和Sarma法等。近年来，应力-应变分析法和可靠性分析法也得到一定程度的发展。但是，当前国内外仍广泛采用极限平衡法。极限平衡法是根据边坡上的滑体或滑体分块的力学平衡原理(即静力平衡原理)分析边坡各种破坏模式下的受力状态，以及边坡滑体上的抗滑力和下滑力之间的关系来评价边坡的稳定性。极限平衡法是将边坡稳定问题当作刚体平衡问题来研究，因此它有以下基本假定[84]。

⑴将组成滑坡体的岩块视为刚体，可用理论力学原理分析岩块处于平衡状态必须满足的条件。

⑵假设滑动块体沿滑面或沿块体之间的错动面处于极限平衡状态，即作用于滑面上的力满足莫尔-库仑强度准则。

⑶滑面可简化为圆弧面、平面或折面。在稳定性分析中，对于仅有单一滑面的简单滑坡，上述基本假设完全可以确定稳定性分析中所出现的未知数。但在复杂状态下，即滑坡体被结构面分割成几何性质比较复杂的岩块，这时只凭刚体极限平衡法中的基本假定已无法确定数目较多的未知数。因此，必须在基本假设之外，再根据情况增添若干补充假定，在这些补充假定中，有的假定了岩块之间接触面上作用力的方向，有的假定了接触面上作用力的分布，还有的假定了该作用力的位置等。由于分析的观点不同，采用补充假定的方式也不同，因此，在刚体极限平衡法中，又派生出各种不同类型的解法。尽管这些方法的名称不同，采用的补充假设各异，但方法之间并无实质性差异。极限平衡分析具有基本相似的分析计算步骤。

步骤一：在断面上绘制滑面形状。根据滑坡外形，以及滑坡中段滑面深度、坍塌情况、破坏方式(平面、圆弧、复合滑动等)，推测几个可能的滑动面形状。

步骤二：推定滑坡后裂缝及塌陷带的深度，计算或确定其产生的影响。

步骤三：对滑坡的滑体进行分块。分块的数目要根据滑坡的具体情况确定，一般来说应尽量使分块小些，条块数目越多，结果误差越小。此外，条块垂直或不垂直条分要根据计算方法和岩体结构确定。

步骤四：计算滑动面上的孔隙水压力，可采用地下水监测等方法确定。

步骤五：采用合适的计算方法，计算稳定系数。但原则上应采取两种或两种以上的计算方法进行结果比较。

3.4.2　常用的边坡稳定性分析方法

岩土工程中存在各种各样的边坡稳定性分析方法，常用的方法包括瑞典法、余推力法、Sarma 法、毕肖普法、蒙特卡罗模拟法和强度折减法[85-90]。其共同点均是以极限平衡理论为基础，忽略了岩体的应力-应变关系，且需假定边坡滑移面的形状和位置。针对土体边坡，可采用搜索法确定边坡滑移面，并对其进行优化；对于岩质边坡，坡体内存在节理、层理、劈理、断层、裂隙、岩脉以及软弱夹层等不连续结构面，采用传统的极限平衡法很难分析边坡稳定性。目前边坡稳定性分析常用数值分析法，充分考虑了岩体非线性本构关系，克服了传统极限平衡法的不足，对任何复杂边界均适用。

1. 瑞典法

当边坡 $\varphi>0$ 时为非均质岩土坡，由于受到地震惯性力和渗透影响，加上不规则的外形，整个边坡滑动体受力复杂，难以计算。同时滑动面各点的抗剪强度分布不均，且与该点法向应力有关。采用瑞典法则有效解决了上述问题，其主要原理是将岩土体分为若干条块，计算每个条块的抗滑力和剪切力，直至岩体处于力矩平衡状态，最终求得安全系数。

采用瑞典法时，需假定滑裂面为圆柱面，即岩体剖面为圆弧，同时要求所有条块两侧条间力合力方向平行于该岩土条块底面，且大小相等，方向相反，如图 3.7 所示。这样就可将受力条件与力矩平衡条件相互抵消，计算公式如下：

$$F_{\mathrm{s}}=\frac{\sum_{i=1}^{n}\left[c_i L_i\left(r_i h_i-r_{\mathrm{u}} h_{\mathrm{w}i}\right)\cos\theta_i\tan\varphi_i\right]}{\sum_{i=1}^{n}\left(W_i\sin\theta_i\tan\varphi_i+G_i\cos\theta_i\right)} \tag{3.1}$$

式中，G_i 为第 i 条块的爆破地震力，kN；h_i 为条块高度，m；W_i 为本身的自重，kN；θ_i 为条块底部角度，(°)；L_i 为条块底部的长度，m；c_i 为黏聚力；φ_i 为内摩擦角；r_i 为条块重度，kN/m^3。

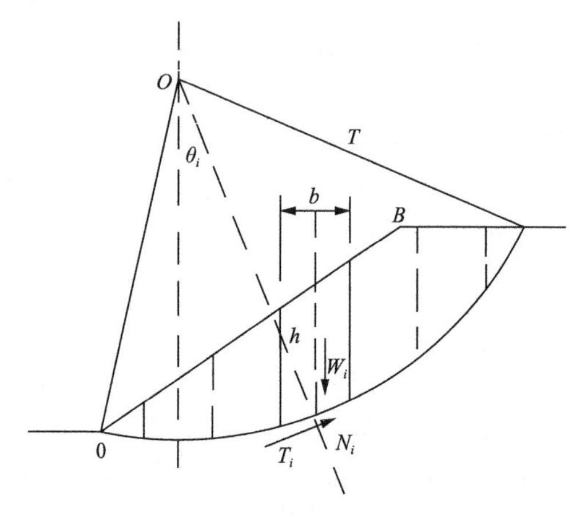

图 3.7　瑞典法计算图

$$G_i = \frac{W_i a_i}{gKd_i} \tag{3.2}$$

式中，a_i 为震动加速度，m/s^2；g 为重力加速度；Kd_i 为动静力折算系数。

2. 余推力法

余推力法以其简单性、实用性和精确性等特点在边坡稳定性分析中得到广泛应用，又称为不平衡推力传递法，假定所有条块两侧条间力合力方向平行于该岩土条块底面，力系分析如图 3.8 所示。

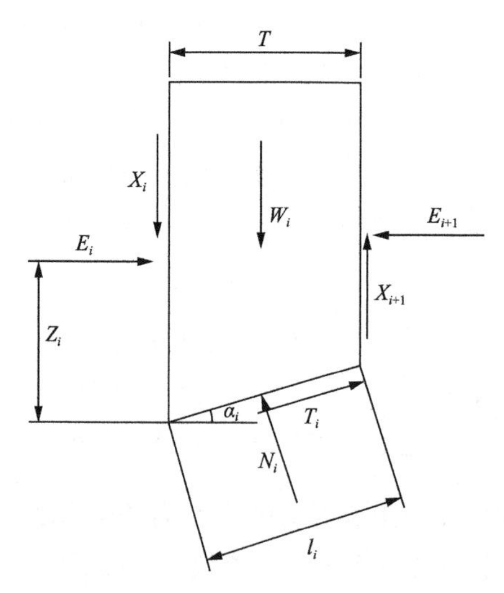

图 3.8　余推力法力系分析图

$$P_i = W_i \sin\alpha_i + KW_i \cos\alpha_i - \varphi_{i-1}P_{i-1}\left[(c_i l_i + W_i \cos\alpha_i - U_i - KW_i \sin\alpha_i)\tan\varphi_i\right]/F_s \tag{3.3}$$

式中，φ_i为第i条块有效内摩擦角；P_i、P_{i-1}为作用于条块两侧的条间力，方向与条块底部平行，kN；W_i为本身的自重，kN；α_i为条底倾角，(°)；K为折算系数；c_i为黏聚力；F_s为安全系数；l_i为条块宽度，m。

计算时，给出不同的F_s值，自上而下求P_i，当P_i=0时的F_s值即为所求安全系数。剩余推力的求解方法是利用插值法求解P_i在不同F_s条件下所对应的值。

3. Sarma 法

Sarma法是由Sarmabo于1979年提出，它是一种满足力的平衡和力矩平衡并考虑滑体强度的极限平衡分析方法，适用于分析岩质边坡中平面和弧面滑动。Sarma 法求解的基本思想是：边坡岩土体发生完整刚体运动的条件是要求其滑移面必须为理想的平面圆弧，即岩土体发生滑移的区域发生剪切破坏，将该区域破坏成块体结构，才可能发生相对滑动。

Sarma法计算简图如图3.9所示，滑裂面由一系列直线组合而成，滑坡体被直线切分成n个条块，条块界面倾斜，并假定条块的底面和侧面均达到极限平衡状态。

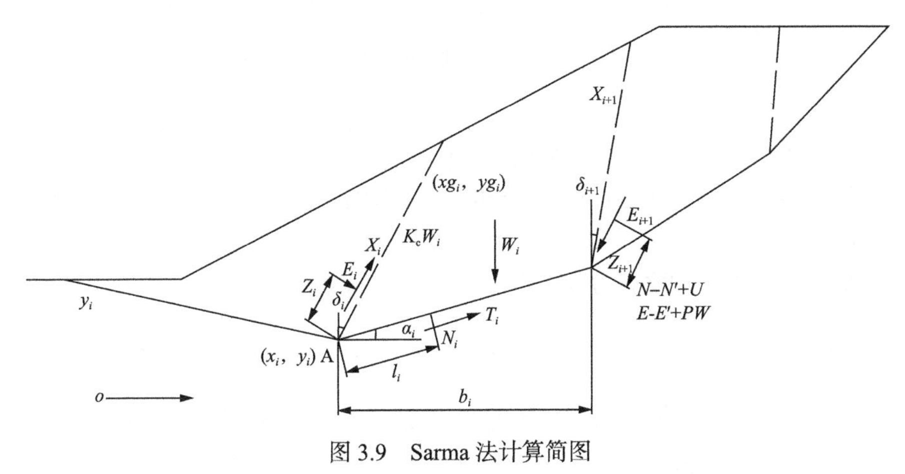

图3.9　Sarma法计算简图

Sarma 法提出了一个临界加速度的概念。他假定每个滑动土条承受一个K_cW_i的水平力（W_i为土条重力），滑体处于临界状态。K_c称为临界加速度系数，这样滑裂面上的c'和φ'不再按式（3.4）缩减。但是为了与传统的安全系数接轨，

Sarma 法需作以下假定求得安全系数。

(1)假定一系列的安全系数 F，按式(3.4)获得 c'_{e} 和 $\tan\varphi'_{\mathrm{e}}$，同时，将条块界面的强度指标缩减为 φ_{e}^{i} 和 φ_{e}^{j}。

$$\begin{aligned} c'_{\mathrm{e}} &= c'/F \\ \tan\varphi'_{\mathrm{e}} &= \tan\varphi'/F \end{aligned} \tag{3.4}$$

式中，c'、$\tan\varphi'$ 为条底有效抗剪强度指标。

(2)根据不同的 c'_{e} 和 $\tan\varphi'_{\mathrm{e}}$ 求得 K。变换 F 值，获得一个新的 K 值。最终，可绘制成如图 3.10 所示的 F-K 曲线。

(3)F-K 曲线与 x 轴的交点所对应的 F 值即为按传统定义求解的安全系数。

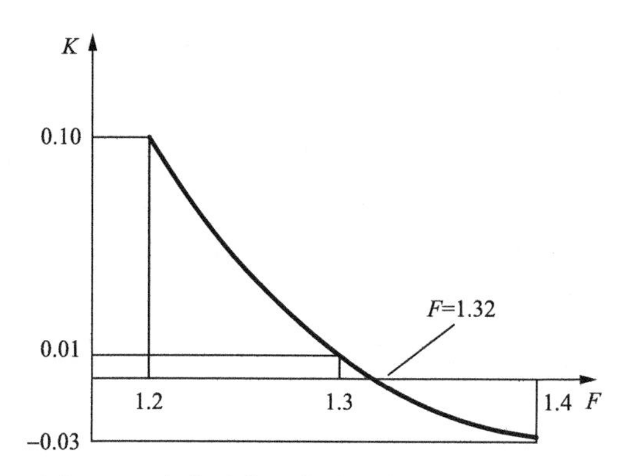

图 3.10　安全系数 F 与临界加速度 K 的关系

Sarma 分析步骤如下：

第一步，分析作用在第 i 条块上的作用力。

假定在作用力 $K_{\mathrm{c}}W_i$ 作用下，滑坡体处于极限平衡状态，其中 K_{c} 是临界加速度系数。

根据条块水平和垂直方向力的平衡，可以得到

$$N_i\cos\alpha_i + T_i\sin\alpha_i = W_i + X_{i+1}\cos\delta_{i+1} - X_i\cos\delta_i - E_{i+1}\sin\delta_{i+1} + E_i\sin\delta_i \tag{3.5}$$

$$T_i\cos\alpha_i - N_i\sin\alpha_i = K_{\mathrm{c}}W_i + X_{i+1}\sin\delta_{i+1} - X_i\sin\delta_i + E_{i+1}\cos\delta_{i+1} - E_i\cos\delta_i \tag{3.6}$$

式中，δ_i 为条块左侧倾角，(°)。

根据莫尔-库仑强度准则，得

$$T_i = (N_i - U_i)\tan\varphi'_i + c'_i b_i \sec\alpha_i \tag{3.7}$$

假定条块界面处于极限状态，此时安全系数为 1，即

$$X_i = \left(E_i - P_{wi}\right)\tan\varphi_i^j + c_i^j d_i \tag{3.8}$$

$$X_{i+1} = \left(E_{i+1} - P_{wi+1}\right)\tan\varphi_{i+1}^j + c_{i+1}^j d_{i+1} \tag{3.9}$$

式中，φ^j、c^j 分别为条块界面上的平均摩擦角和黏聚力；d 为界面长度，m；P_w 为孔隙水压力，Pa。

将式(3.8)和式(3.9)代入式(3.5)和式(3.6)，得

$$E_{i+1} = \alpha_i - p_i K_c + E_i e_i \tag{3.10}$$

式中，p_i 为 i 条块孔隙水压力，Pa。

式(3.10)是一个循环式，可得

$$\begin{aligned} E_{n+1} &= \alpha_n - p_n K_c + E_n e_n \\ E_{n+1} &= \left(\alpha_n + \alpha_{n-1} e_n\right) - \left(p_n + p_{n-1} e_n\right) K_c + E_{n-1} e_n e_{n-1} \end{aligned} \tag{3.11}$$

进一步得到

$$\begin{aligned} E_{n+1} = &\left(\alpha_n + \alpha_{n-1} e_n + \alpha_{n-2} e_n e_{n-1} + \cdots + \text{第}n\text{项}\right) - \\ &K_c\left(p_n + p_{n-1} e_n + p_{n-2} e_n e_{n-1} + \cdots + \text{第}n\text{项}\right) + E_1 e_n e_{n-1} e_{n-2} \cdots \end{aligned} \tag{3.12}$$

第二步，计算临界加速度系数 K_c。

如果没有外荷载作用，则 $E_{n+1}=E_1=0$，可得

$$K_c = \frac{\alpha_n + \alpha_{n-1} e_n + \alpha_{n-2} e_n e_{n-1} + \cdots + \alpha_1 e_n e_{n-1} \cdots e_3 e_2}{p_n + p_{n-1} e_n + p_{n-2} e_n e_{n-1} + \cdots + p_1 e_n e_{n-1} \cdots e_3 e_2} \tag{3.13}$$

其中

$$\alpha_i = \frac{W_i \sin\left(\varphi_i' - \alpha_i\right) + R_i \cos\varphi_i' + S_{i+1}\sin\left(\varphi_i' - \delta_{i+1}\right) - S_i \sin\left(\varphi_i' - \alpha_i - \delta_i\right)}{\cos\left(\varphi_i' - \alpha_i + \varphi_i^j - \delta_{i+1}\right)\sec\varphi_i^j} \tag{3.14}$$

$$p_i = \frac{W_i \cos\left(\varphi_i' - \alpha_i\right)}{\cos\left(\varphi_i' - \alpha_i + \varphi_i^j - \delta_{i+1}\right)\sec\varphi_i^j} \tag{3.15}$$

$$e_i = \frac{\cos\left(\varphi_i' - \alpha_i + \varphi_i^j - \delta_i\right)\sec\varphi_i^j}{\cos\left(\varphi_i' - \alpha_i + \varphi_i^j - \delta_{i+1}\right)\sec\varphi_i^j} \tag{3.16}$$

$$R_i = c_i' b_i \sec\alpha_i - U_i \tan\varphi' \tag{3.17}$$

$$S_i = c_i^j d_i \sec\alpha_i - P_{wi}\tan\varphi_i' \tag{3.18}$$

$$\varphi_i^j = \delta_1 = \varphi_{n+1}^j = \delta_{n+1} = 0 \tag{3.19}$$

第三步，计算安全系数 F_s。

通过变换 F 值，获得不同的 K 值。可得如图 3.10 所示 F-K 曲线，曲线与 x 轴的交点对应的 F 值即为安全系数 F_s。

4. 毕肖普法

毕肖普法(Bishop)主要计算单一圆弧形破坏模式。其原理是沿垂直方向将滑体分为 n 个条块，任取一块为 i，其几何图形及受力分析如图 3.11 所示。

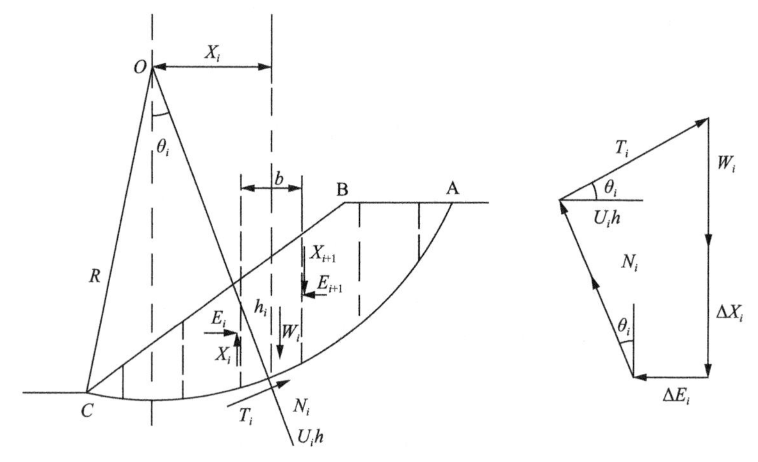

图 3.11　毕肖普法计算图

第 i 条块高 h_i，宽 b_i；底滑面长 L_i；底面倾斜角为 θ_i；另外 e_i 为条块重心与滑弧圆心的垂向距离；R 为滑弧半径；W_i 为条块自重；Q_i 为水平向作用力(如地震惯性力)；N_i、T_i 分别为条块底部总法向力和切向力；E_i、X_i 分别为法向及切向条间力。假定条块间向力 X_i 略去不计，导出安全系数公式：

$$F_s = \frac{\sum_{i=1}^{n}\left[c_i b_i (W_i - U_i b_i)\tan\varphi\right]/m_{\theta_i}}{\sum_{i=1}^{n}\left(W_i \sin\theta_i + \sum_{i=1}^{n} Q_i \frac{e_i}{R_i}\right)} \tag{3.20}$$

其中

$$m_{\theta_i} = \cos\theta_i + \sin\theta_i + \tan\varphi / F_s \tag{3.21}$$

式中，c_i 为黏聚力，Pa；φ 为条块地面摩擦角，(°)；u_i 为条块底部孔隙水压力，Pa。

5. 蒙特卡罗模拟法

蒙特卡罗(Monte-Carlo)模拟法的基本原理是采用统计抽样理论，通过计算机分析随机变量，得到计算结果，因此又称为统计试验法或蒙特卡罗模拟法。

用极限平衡法对边坡稳定性进行分析，通常把系数 F_s 作为稳定性评价指标：$F_s>1$ 时意味着边坡稳定；$F_s<1$ 时认为边坡发生失稳破坏；$F_s=1$ 时认为边坡恰好处于临界极限平衡状态。由于边坡工程中存在不确定的基本设计变量，而可靠性方法可以有效评价不确定性因素对工程设计的影响。因此，提出边坡可靠性问题，可为不确定性因素提供系统构思。

边坡可靠性分析的关键步骤是构建一个合适的数学模型，并且可以用相应的函数表达式表示边坡的稳定性，即

$$Z=g(x)=g(x_1, x_2, \cdots, x_n) \tag{3.22}$$

式中，x 为最基本的随机向量，如果工程问题比较简单，函数 g 的形式则比较明显，且容易确定。但是，对于复杂结构的边坡，需要进行精确求解，这时在安全系数计算模型中往往包含隐函数。

不管 g 多么复杂，可靠性分析的原理是相同的，只要基本随机变量不含随时间变化的参数，可靠度均可由式(3.23)求得，即

$$R=1-\int\cdots\int f_{x_1,x_2,\cdots,x_n}(x_1,x_2,\cdots,x_n)\mathrm{d}x_1\mathrm{d}x_2\cdots\mathrm{d}x_n \tag{3.23}$$

式中，$f_{x_1,x_2,\cdots,x_n}(x_1,x_2,\cdots,x_n)$ 为 n 个变量 x_i 的联合概率密度函数。

分析式(3.23)可知，可靠度的求解面临以下两个实际问题：

(1) n 个基本变量的联合概率密度函数 f 难以确定，原分布函数和协方差的可信度也无法采用充足的数据证明；

(2) 假设已知联合密度函数 f 或边缘密度函数 g，多级微积分函数也无法求解。

因此，只有当边缘密度函数 g 比较简单且 n 不大时，才利用式(3.23)求解可靠度 R 值；当边缘密度函数 g 非常复杂且 n 较大时，可采用蒙特卡罗模拟法求解可靠度 R 值。

6. 强度折减法

强度折减法安全系数 f_{os} 的定义是：岩体的实际抗剪强度与边坡临界破坏

时的剪切强度的比值。

强度折减法的基本思路是把黏聚力 c 和内摩擦角 φ 同时折减为一组新的数据 c'和 φ'，即同时除以折减系数 f_{os}，将新的数组参数输入数值模拟软件，分析边坡稳定性。同时不断地增加折减系数 f_{os} 可得到多组不同的 c'和 φ'，仅当边坡恰好发生临界破坏时的折减系数 f_{os} 值可认定为边坡的安全系数。

$$c' = \frac{c}{f_{os}} \tag{3.24}$$

$$\varphi' = \arctan\left(\frac{\tan\varphi}{f_{os}}\right) \tag{3.25}$$

式中，f_{os} 为安全系数；c 为岩体黏聚力，Pa；c'为折减后黏聚力，Pa；φ 为岩体内摩擦角，(°)；φ'为折减后内摩擦角，(°)。

强度折减法比传统的边坡稳定性分析法具有如下优点：考虑了岩土体的本构关系，更加真实地反映边坡受力变形状态；可对任何边界、复杂地质、地貌的各类边坡进行稳定性分析；可利用数值模拟边坡滑坡过程，并根据位移增量或者剪应变增量确定边坡滑移面的位置和形状；能够模拟边坡岩土体与支护结构(超前支护、土钉、面层等)的共同作用；求解安全系数时，可以无须进行条分以及假定滑移面的形状。

露天矿边坡开挖过程中，在临空面上构造应力卸载，新形成的边坡应力会重新分布，目前，数学模型和物理模型不能用于预测边坡开挖后应力的变化，最好的办法是应用数值模拟。

通过逐级增加给定的强度折减系数，并加载到有限元数值模拟软件，计算边坡内部应力场、应变场或位移场，在有限元计算过程中，分析应力、应变或位移的某些分布特征，通过改变折减系数 f_{os}，实现边坡恰好达到失稳破坏，此时的 f_{os} 为边坡的稳定安全系数[91]。依据这一原则，在莫尔-库仑强度准则和 Drucker-Prager 准则中表现为沿滑移面的实际剪力与边坡发生失稳破坏时的抗剪强度之比，如式(3.26)所示：

$$f_{os} = \frac{\int_0^l (c + \sigma\tan\varphi)\,\mathrm{d}s}{\int_0^l \tau_n \,\mathrm{d}s} \tag{3.26}$$

将式(3.26)两边同除以 f_{os}，变为

$$1=\frac{\int_0^l\left(\frac{c}{f_{os}}+\sigma\frac{\tan\varphi}{f_{os}}\right)ds}{\int_0^l\tau_n ds}=\frac{\int_0^l(c'+\sigma\tan\varphi')ds}{\int_0^l\tau_n ds} \tag{3.27}$$

分析式(3.27)可知，式(3.26)两边除以f_{os}以后，等式左边数值为1，即边坡体恰好处于临界破坏状态，此时公式右边的数值即为岩土体发生失稳破坏的临界指标。在有限元计算过程中，若选取的强度折减系数值仍使边坡处于稳定(或失稳)状态，此时需不断改变折减系数大小，直至边坡处于临界破坏状态，此时的f_{os}值就是坡体的稳定安全系数，此时的滑移面就是边坡实际滑移面。

3.4.3 有限元法的基本原理与工程应用

岩质边坡的地质构造一般比较复杂，坡形不规则，坡体内应力分布比较复杂，应用一般的刚体极限平衡法把整个滑体当作刚体，从而给出整个边坡安全系数的概念，在理论上有一定缺陷，而有限元法考虑了边坡岩体材料的应力-应变关系，可以对边坡作应力及位移的分析并且模拟现场复杂的几何条件、荷载条件和材料特性以判断其对边坡稳定性的影响，使得计算结果更加精确合理。

有限元法是用小单元的集合代替一个复杂结构的方法。在岩质边坡稳定性分析中，是将边坡体人为地离散成有限个单元(三角形单元、四边形单元、六面体单元等)，这些单元通过边界上有限个点(节点)相连，并把作用于边坡体上的荷载以作用于节点的等效力代替，在这样的基础上来近似地分析边坡的应力和位移分布。分析问题时，从这些小单元入手，将整个岩体的力学特性视为组成该岩体的各个小单元的总和，从而得到整个岩体的力学平衡关系。每个单元，各以其自身的力学参数，如容重、弹性模量、泊松比、黏聚力、摩擦角等加以描述，可将每个单元视为均质的连续体，整个岩体用不同特性的单元加以离散化，这就能方便地处理岩体的非均匀性。从转化的角度来看，有限元法实质上就是一种有限的近似模拟，是用相对有限的系统来模拟、逼近、描述和计算原型系统。

有限元法是数值分析方法的一种主要算法，但在边坡工程中具体情况的复杂性和影响因素的多样性，单纯用有限元法有时不适合。从目前发展来看，不同方法的联合应用可能是岩质边坡数值分析未来发展的趋势。如有限元和边界元的结合、有限元与解析法的结合等。另外，从岩质边坡设计的实际需要来看，工程技术人员一般喜欢应用简便而又可行的计算方法，从这个角度考虑，今后也应当对近似理论与方法的研究给予充分的认识。

有限元法的基本思想是将一个连续体离散化，变换成由有限数量的有限大的单元体的集合，这些单元体之间只是通过结点连接和制约，用这种变换了的结构系统代替真实的连续体后，采用标准的结构分析的处理方式后，数学上的问题就很自然地归结为求解线性代数方程组的问题了。这种近似是物理上的近似，与通常应用的差分方法不同，差分方法是对一个物理方程的精确方式用近似的数学方法求解。

有限元法求解的基本方法包括力法、位移法或混合法。但一般以位移法应用广泛。

在平面问题的有限元分析中，采用位移法时基本步骤可以概括为如下几点。

(1)将实际的连续体理想化为有限单元的集合体。例如，一个边坡坡体可以看作是三角形岩体单元和四结点的节理单元等混合组成的集合体，然后选取坐标，给出结点坐标值。作分块图时应对应力变化急剧的部位单元网格要分得密一些，如坡脚部位。

(2)假定满足相邻单元体边界位移协调条件的单元体的位移模式，确定以单元结点位移$\{\delta\}^{\mathrm{e}}$为参数的单元体的位移函数$\{f\}^{\mathrm{e}}$。应用位移法时，为了能从有限元法得出正确解答，位移模式必须能反映单元的刚体位移和常量应变，还应当尽可能反映相邻单元的位移连续性。因此必须根据不同类型的单元选择能充分满足上述条件的相应位移模式是保证解答正确的关键。

(3)有了位移函数可以用单元体的结点位移唯一地定义单元体的应变状态$\{\varepsilon\}^{\mathrm{e}}$，知道了单元体的应变状态和单元体材料的力学性质可定义单元体的应力状态$\{\sigma\}^{\mathrm{e}}$。

(4)根据虚位移原理，对每个单元体导出以结点位移$\{\delta\}^{\mathrm{e}}$为基本参数的作用与结点上的结点力$\{F\}^{\mathrm{e}}$。

$$\{F\}^{\mathrm{e}}=[K]^{\mathrm{e}}\{\delta\}^{\mathrm{e}}+\{F\}_{\mathrm{p}}^{\mathrm{e}} \tag{3.28}$$

式中，$\{F\}_{\mathrm{p}}^{\mathrm{e}}$为作用在单元体上的分布力引起的结点力；$[K]^{\mathrm{e}}$为单元体的刚度矩阵，它取决于单元体的形状和大小、方位和材料性质，与单元体所在位置无关，即与单元体坐标轴的平移无关。

(5)将作用于结构上的荷载，按静力等效原则归化为作用于整体结构相应结点上的集中荷载$[R]$，然后根据力学平衡原理，建立整个结构的力学平衡方程：

$$[R]=[K]\{\delta\}+\{F\}_{\mathrm{p}} \tag{3.29}$$

式中，$\{\delta\}$为整个结构全部结点的位移阵列；$[K]$为整个结构的刚度矩阵，它的元素是由各单元体的刚度矩阵中相应的元素叠加后得到的；$\{F\}_{\mathrm{p}}$为整个结构的分布力引起的结点力列阵，它由各单元体中$\{F\}_{\mathrm{p}}^{\mathrm{e}}$相应的元素叠加后得到。

(6)求解线性方程组，得到全部位移值$\{\delta\}$。

(7)根据求得的位移值，计算各单元体的应力和应变。

随着有限元理论水平和计算机水平的提高，有限元法越来越成为常用的岩质边坡稳定性分析数值方法。目前已经有许多标准而通俗的算法，并且还开发了许多著名的通用大型有限元软件，如 ANSYS、ADINA、MARC、FLAC3D 等。FLAC3D 是利用快速拉格朗日算法进行数值模拟的数值分析软件，与其他数值分析软件相比，无须建立大量方程组，计算过程简单快速。在解决大变形问题时，FLAC3D 有着明显优势，可以针对含软弱夹层的边坡工程进行有效模拟，其内部含有莫尔-库仑模型、Drucker-Prager 模型等十余种本构模型。FLAC3D 软件模拟已经成为岩土工程领域用以研究岩土体变形的重要手段，在采矿工程中应用比较广泛。

1. 基于 FLAC3D 的边坡稳定性分析

仓上金矿露天岩质边坡处理及残矿资源回收工程，在原有采坑的基础上将 479 勘探线以西进行扩界，东西长近 600m，由于开采范围呈狭长形，整个采场纵向变形很小，可以忽略不计，因此选择某一个典型剖面做力学分析，即采用平面应变模型假设。

经综合分析，选取 487 勘探线地质剖面进行数值模拟，该边坡岩层倾角较大，为 60°，为高陡顺层岩质边坡，花岗岩层和黄铁绢英岩化花岗岩层岩体坚硬且比较完整；黄铁绢英岩化花岗质碎裂岩层和黄铁绢英质碎裂岩层为软弱破碎层，岩体结构面发育。

本次分析采用 FLAC3D，具体计算参数如表 3.5 所示。水平地应力取 γh（γ为岩石容重，h 为坡高），垂直地应力按自重应力计算，底部边界及坑侧边界按位移边界处理，即在模型两侧施加 X 方向的约束，前后施加 Z 方向的约束，底部施加固定约束。

表 3.5 计算参数

岩性	容重/(kN/m³)	弹性模量/GPa	泊松比	黏聚力/MPa	内摩擦角/(°)
第四系	19.2	0.01	0.21	0.04	10.56
黄铁绢英岩化混合岩化斜长角闪质碎裂岩	25.2	10.22	0.21	11.21	25.61
黄铁绢英质碎裂岩	23.5	11.50	0.24	6.71	26.22
黄铁绢英岩化花岗质碎裂岩	24.6	6.51	0.28	2.43	30.00
黄铁绢英岩化花岗岩	25.0	10.36	0.22	8.81	24.00
花岗岩	26.8	11.31	0.21	9.73	26.20

1)487 勘探线数值模型

根据 487 勘探线边坡体特征，充分考虑对边坡安全有较大影响的地质构造并忽略对边坡安全影响较微小的地层，构建模型如图 3.12 所示。

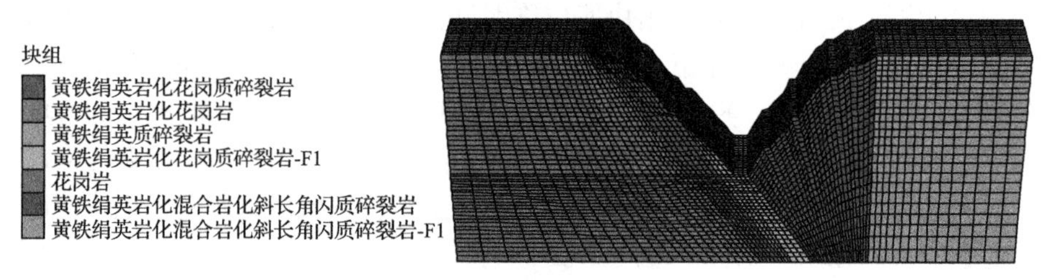

图 3.12 487 勘探线坡体模型

在该模型中充分考虑 3 号蚀变带中软弱夹层对坡体安全性的影响，而且也充分考虑了不同岩层在坡体中的产状，由于 F31 断层在 487 勘探线处位于坡底下方，且其产状对边坡稳定性无影响，建模时不予考虑。模型参数按照表 4.5 确定。

2)模拟结果分析

由于 487 勘探线在坡脚以下有 F31 断裂带的影响，从岩体力学的角度分析，该断裂带的产状和走向对边坡稳定性影响不大，为分析该断裂带的影响，建模时在该处采用FLAC3D接触面建模，模拟分析其应力分布如图 3.13 所示，位移分布如图 3.14 所示。

从图 3.14 中可以看出，考虑 F31 断裂带的影响，应力在该处集中比较明显，最大位移为 108mm，且北帮边坡的位移最大，南帮边坡由于岩石条件较好，且比较完整，变形较小，最大值为 56mm。

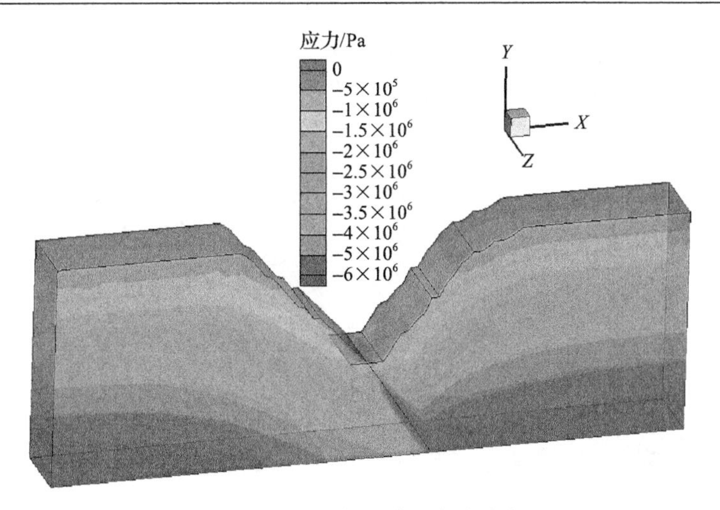

图 3.13 F31 断裂带处应力分布

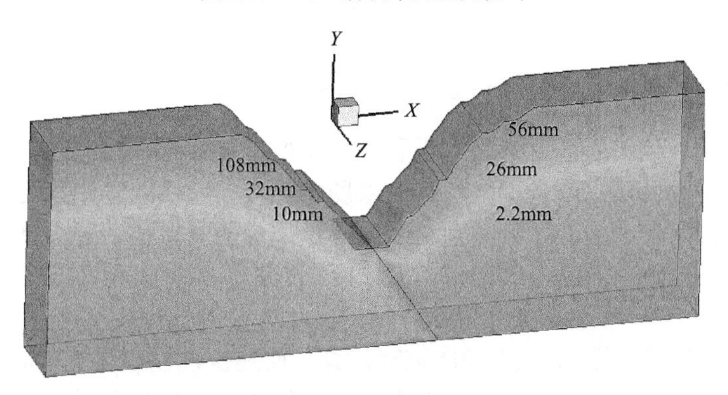

图 3.14 考虑 F31 断裂带影响位移分布

不考虑 F31 断裂带的影响，经过模拟分析，其位移分布如图 3.15 所示。

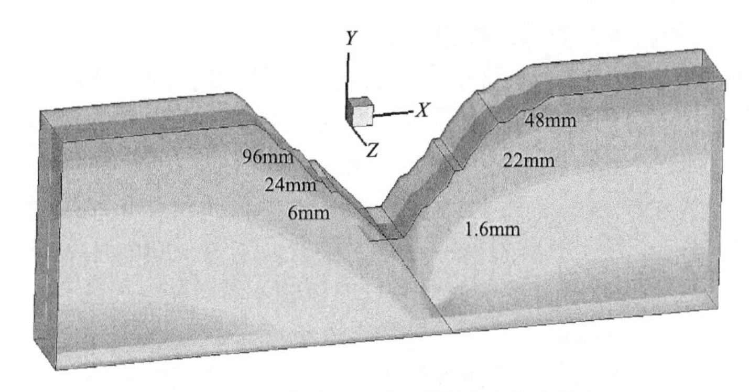

图 3.15 不考虑 F31 断裂带影响位移分布

从图 3.15 中可以看出，不考虑 F31 断裂带的影响，最大位移为 96mm，出现在北帮，南帮最大位移为 48mm，与考虑 F31 断裂带模拟结果相差不大，根据塑性区贯通原理确定滑裂带及滑体大小如图 3.16 所示。

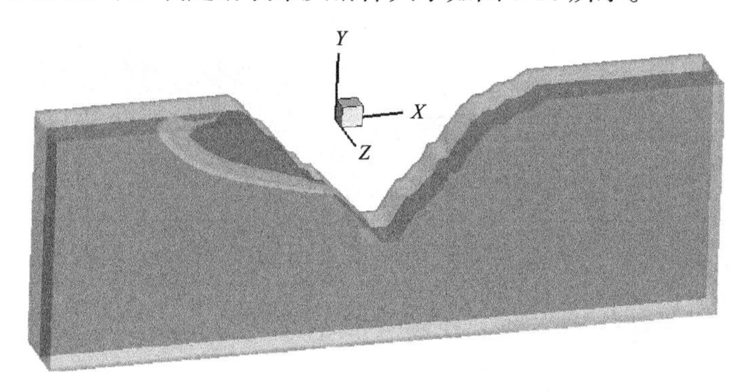

图 3.16　487 勘探线滑裂带分布

2. 基于 FLAC3D 的深凹开挖对边坡的影响分析

根据仓上金矿勘查资料以及开采设计方案，在有限元分析软件 ABAQUS 的前处理平台上建立了仓上金矿露天采场高陡岩质边坡工程计算模型。结合仓上金矿实际生产情况，参考仓上金矿露天采场平面图和工程地质剖面图，建立考虑不同性质的断层破碎带的简化有限数据模型，模型开挖方式分为三个水平(±0～−60m、−60～−120m、−120～−170m)开挖。

模型计算过程选用 FLAC3D 进行计算，而建模过程选用了 AutoCAD 与 ABAQUS 软件。ABAQUS 软件计算模型网格划分如图 3.17 所示，模型共划分为 334885 个单元，61898 个节点，其中开挖部分在 FLAC3D 软件中采用零空单元进行模拟。

所建模型的特点主要体现在以下几个方面。

(1) 计算模型简化了仓上金矿高陡岩质边坡开挖前的原始地貌，按边坡实际岩层简化分布，考虑具有代表性的 3 号蚀变带的影响。初始应力条件只考虑坡体自重应力产生的初始应力，不考虑其他构造应力的影响。

(2) 采用弹塑性模型、莫尔-库仑模型。边界条件设置底部为固定约束边界，四周为单向边界，上部为自由边界，模型尺寸为 1400m×800m×400m。

(3) 各种岩石的物理力学参数根据室内试验、现场勘察和既有资料，以及工程反分析结果进行确定。

考虑到矿坑工程范围内岩体种类较多，图 3.17 为局部岩体分组，其余分组采用通过编程控制 X、Y、Z 坐标控制，以便岩体参数输入。

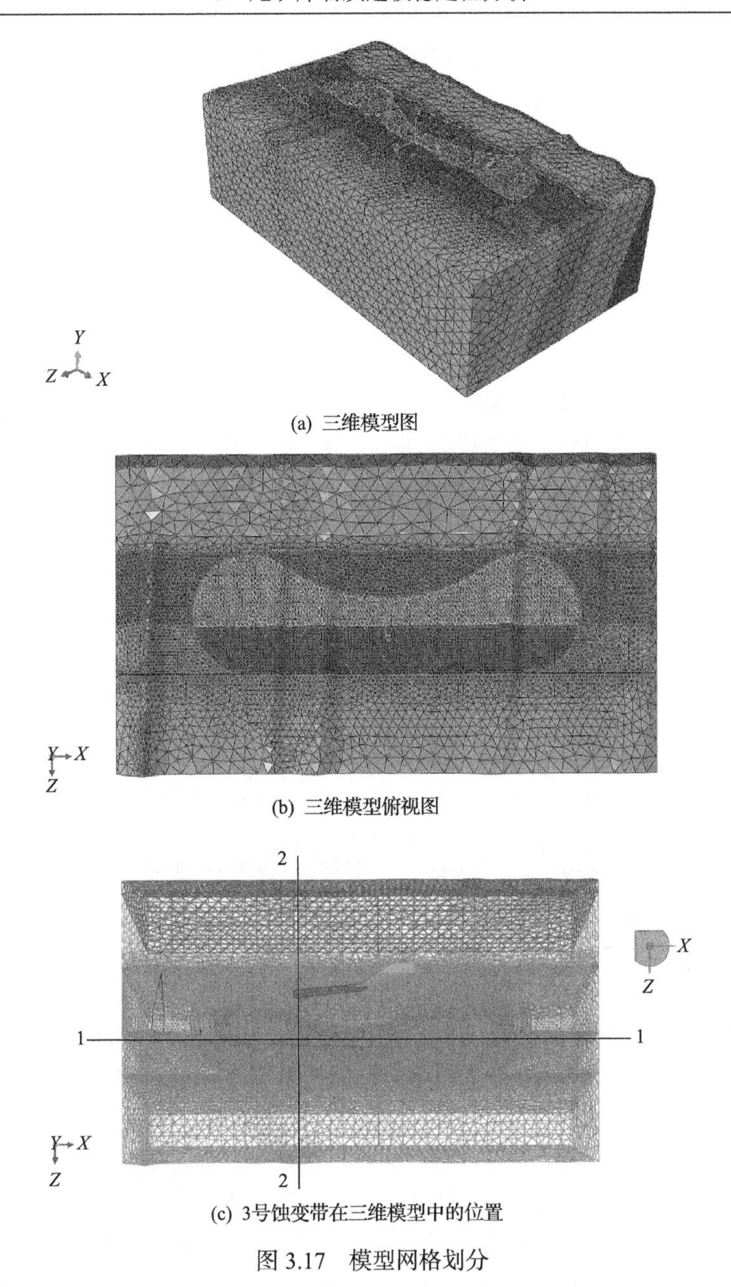

(c) 3号蚀变带在三维模型中的位置

图 3.17　模型网格划分

1)模型岩石力学参数

模型计算选用莫尔-库仑弹塑性模型，在 FLAC3D 计算中，还需要输入的岩石力学参数有体积模量(*K*)、剪切模量(*G*)、密度(ρ)、黏聚力(*c*)、内摩擦角(φ)和抗拉强度(σ)。其中体积模量和剪切模量采用试验的方法很难获得，因此需根据弹性力学公式换算求得：

$$K = \frac{E}{3(1-2\mu)} \tag{3.30}$$

$$G = \frac{E}{2(1+\mu)} \tag{3.31}$$

式中，E 为弹性模量；μ 为泊松比。

采用 FLAC3D 进行计算时，主要确定模型的计算参数和边界条件，根据对矿区岩质边坡既有研究资料和工程地质勘察结果，选用表 3.6 作为模拟的物理力学参数。

表 3.6　岩石力学参数

编号	岩性	容重 /(kN/m³)	弹性模量 /GPa	泊松比	黏聚力 /MPa	内摩擦角 /(°)	抗拉强度 /MPa
1	花岗岩	25.0	42	0.21	0.25	28	11.82
2	黄铁绢英岩化花岗岩	25.7	39.63	0.22	0.22	41.8	10.64
3	黄铁绢英岩化花岗质碎裂岩	24.6	15.08	0.28	0.181	33.92	6.84
4	黄铁绢英质碎裂岩	23.5	9.7	0.26	0.08	20.24	4.475
5	黄铁绢英岩化混合岩化斜长角闪质碎裂岩	25.2	13.24	0.203	17.74	46.84	7.93
6	3 号蚀变带	20.1	3.21	0.2	0.08	10.2	3.2

2) 数值模拟计算结果分析

按照 ABAQUS 软件建立的简化边坡模型，本书选用 FLAC3D 软件进行模拟分析，分析模型在不同开挖工况下边坡的应力场、位移场和塑性区的发展范围，探讨仓上金矿北帮高陡岩质边坡的成因机制，以及在 3 号蚀变带影响下边坡的变形破坏机理。数值模拟计算分析主要有以下几个工况：①初始应力场的形成，首先采用弹性计算方式，达到平衡后采用塑性计算形成初始应力场，并且把自重应力作用产生的位移进行清零。②模拟边坡开挖至–60m 水平。③模拟边坡开挖至–120m 水平。④模拟开挖至–170m 水平。⑤模拟水位在–58m 的边坡稳定性。

(1) 初始应力场模拟结果分析。

初始应力场下矿区边坡整体计算结果如图 3.18 所示。

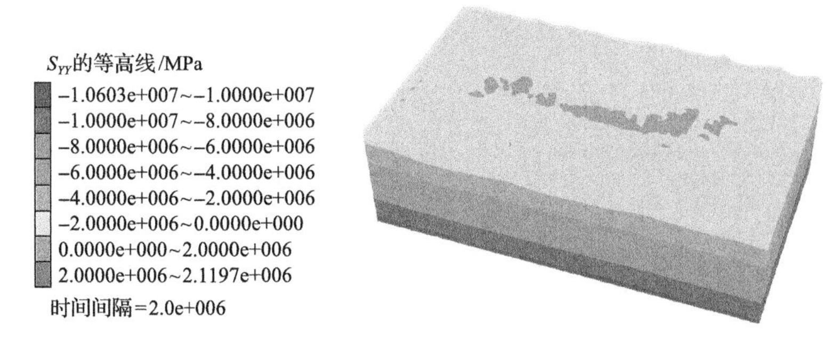

图 3.18 初始状态应力云图(竖向应力)

由模拟结果可知,初始自重状态下的应力,呈层状分布,最大值为 10.6MPa。

(2)开挖至−60m 水平模拟结果分析。

为了便于分析 3 号蚀变带对北帮岩质边坡的影响，按照图 3.17(c)所示设置了两个垂直剖面，即 1-1 剖面和 2-2 剖面，1-1 剖面沿矿区东西方向穿过坑底，2-2 剖面穿过蚀变带位置，利用 FLAC3D 软件在矿区整体边坡模型中剖出北帮边坡。

开挖至−60m 水平时仓上金矿北帮岩质边坡岩体的主应力、剪应力、剪应变增量云图分布情况如图 3.19～图 3.22 所示。

根据模拟结果可以看出，在重力作用下各层之间最大主应力基本相互平行，呈现层状分布，最大压应力为 2.2MPa，分布于模型的底部，最大拉应力为 1.38MPa，分布于边坡顶部，在 3 号蚀变带处出现应力集中现象。最小主应力分布云图中，最小主应力层状分布，最大压应力为 12.13MPa，分布于模

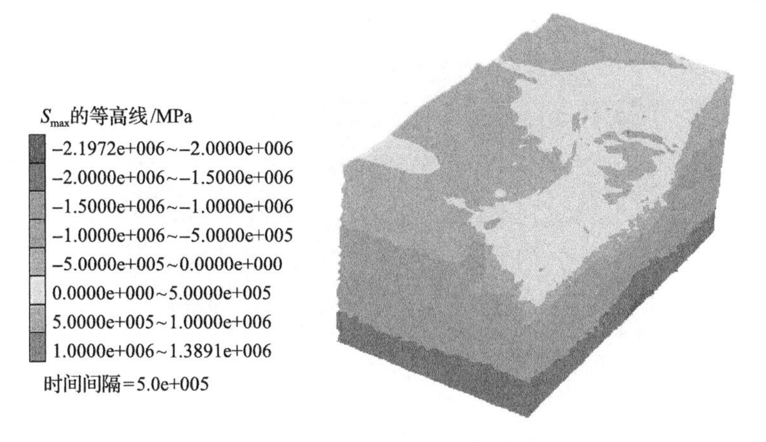

图 3.19 开挖至−60m 时最大主应力云图

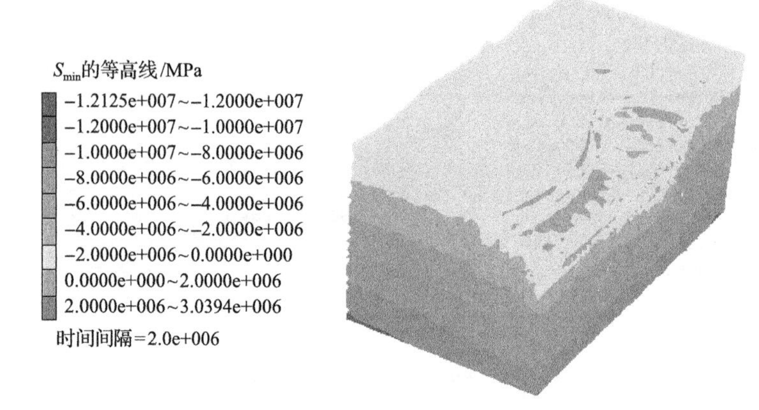

图 3.20　开挖至–60m 时最小主应力云图

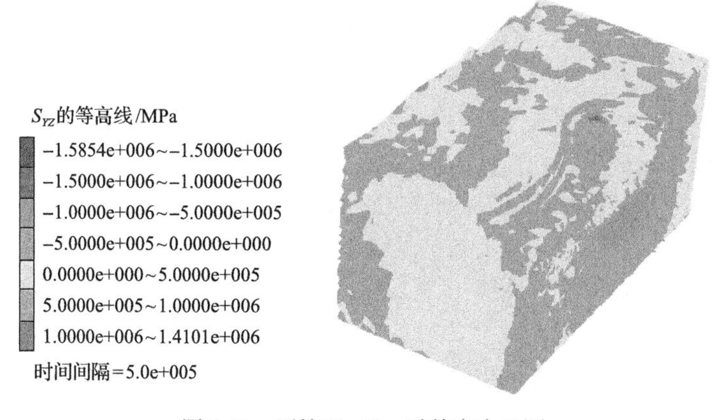

图 3.21　开挖至–60m 时剪应力云图

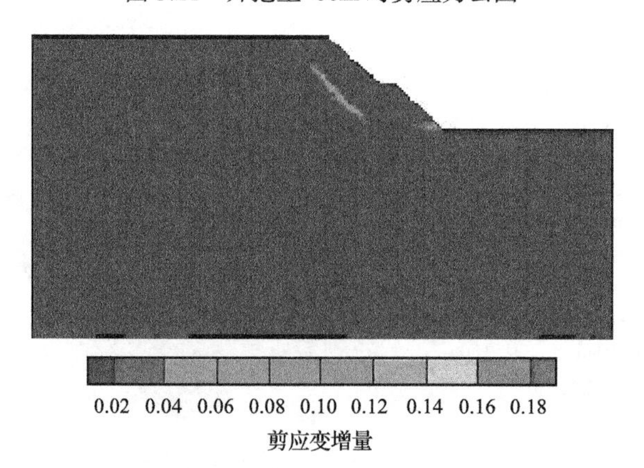

图 3.22　开挖至–60m 时北帮边坡剪应变增量等值线图

型的下部，最大拉应力为 3.04MPa，分布于边坡顶部和坡脚小范围内，在 3 号蚀变带附近的台阶面上最小主应力以拉应力为主。最大剪应力出现在边坡的坡脚部位，最大剪应力为 1.4MPa，剪应变增量沿 3 号蚀变带逐步变化。因此可以得出 3 号蚀变带的存在将会对北帮边坡的稳定性产生一定的影响。

(3) 开挖至–120m 水平模拟结果分析。

开挖至–120m 水平时仓上金矿北帮岩质边坡岩体的主应力、剪应力、剪应变增量云图分布情况如图 3.23～图 3.26 所示。

由模拟结果可知，最大主应力分布云图中的最大压应力为 1.91MPa，分布于模型的下部，最大拉应力为 0.63MPa，分布于边坡顶部，大小和范围都比开挖至–60m 水平时有所扩大，3 号蚀变带处出现应力集中现象。最小主应

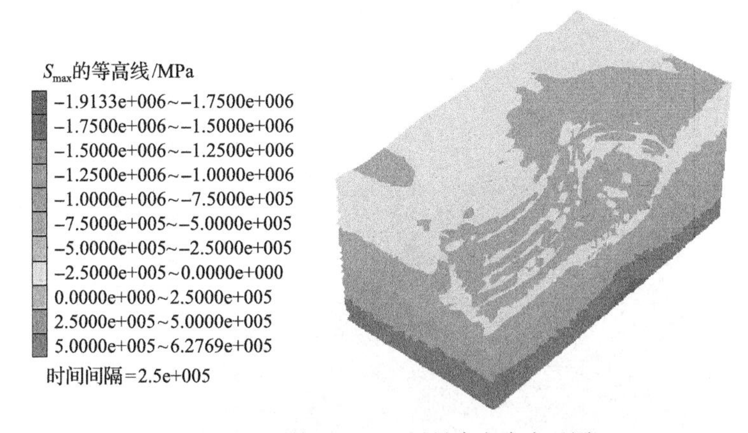

图 3.23　开挖至–120m 时最大主应力云图

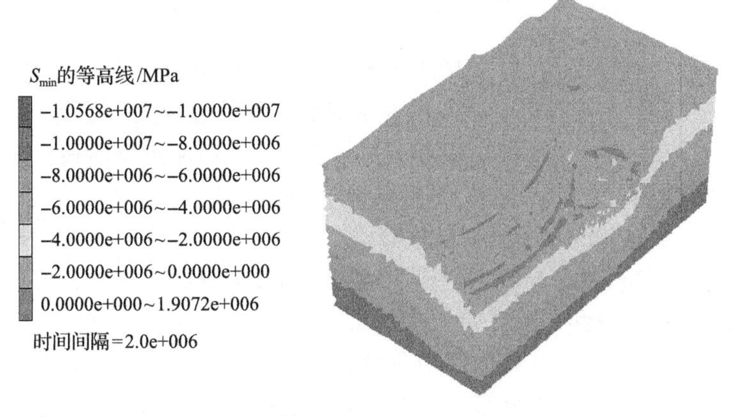

图 3.24　开挖至–120m 时最小主应力云图

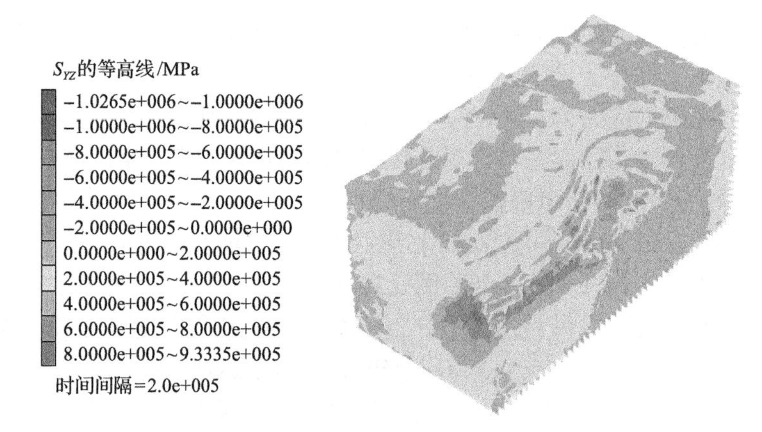

图 3.25　开挖至−120m 时剪应力云图

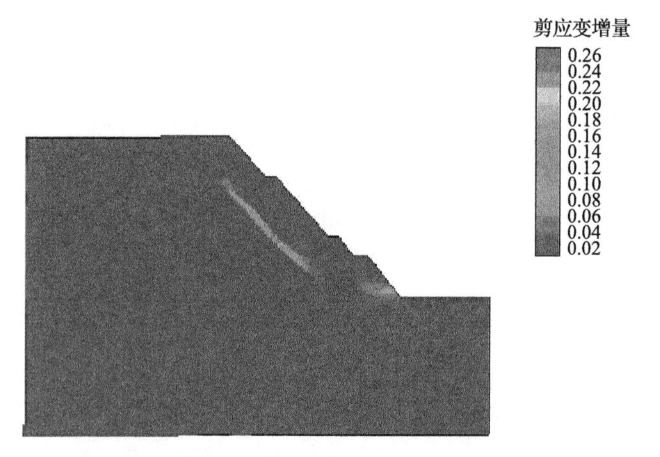

图 3.26　开挖至−120m 水平时剪应变增量等值线图

力分布云图中的最大压应力为 10.57MPa，分布于模型的下部，最大拉应力为 1.91MPa，分布于边坡顶部和 3 号蚀变带附近的台阶边坡上。随着开采水平的加深，最大拉剪应力分布在坡脚和与 3 号蚀变带接触附近，沿坡脚向蚀变带方向发展，3 号蚀变带处剪应变增量明显增加。

(4)开挖至−170m 水平模拟结果分析。

开挖至−170m 水平时仓上金矿北帮岩质边坡岩体的主应力、剪应力、剪应变增量云图及塑性区分布情况如图 3.27～图 3.33 所示。

由模拟结果可知，在重力作用下最大、最小主应力呈层状分布，各层之间基本平行。最大主应力分布云图中的最大压应力为 1.91MPa，分布于模型下部，最大拉应力为 0.58MPa，分布于露天台阶的表层，在 3 号蚀变带处

S_{max}的等高线/MPa

-1.9059e+006~-1.7500e+006
-1.7500e+006~-1.5000e+006
-1.5000e+006~-1.2500e+006
-1.2500e+006~-1.0000e+006
-1.0000e+006~-7.5000e+005
-7.5000e+005~-5.0000e+005
-5.0000e+005~-2.5000e+005
-2.5000e+005~0.0000e+000
0.0000e+000~2.5000e+005
2.5000e+005~5.0000e+005
5.0000e+005~5.7781e+005

时间间隔=2.5e+005

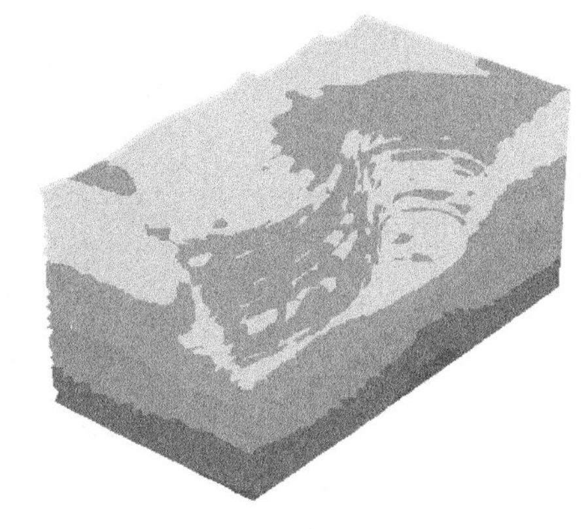

图 3.27 开挖至-170m 时最大主应力云图

S_{min}的等高线/MPa

-1.0531e+007~-1.0000e+007
-1.0000e+007~-8.0000e+006
-8.0000e+006~-6.0000e+006
-6.0000e+006~-4.0000e+006
-4.0000e+006~-2.0000e+006
-2.0000e+006~0.0000e+000
0.0000e+000~2.0000e+006
2.0000e+006~2.1683e+006

时间间隔=2.0e+006

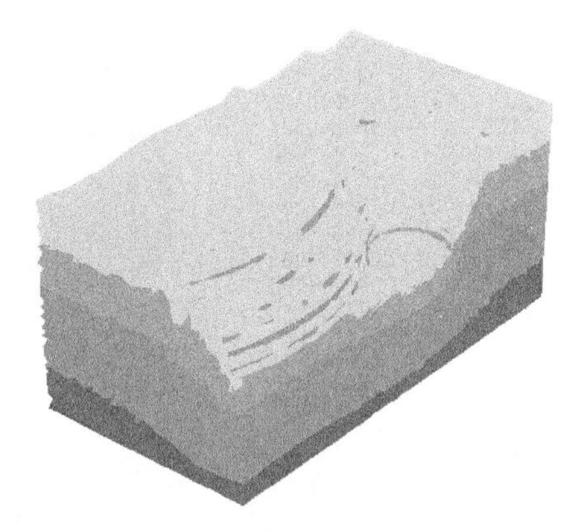

图 3.28 开挖至-170m 时最小主应力云图

S_{YZ}的等高线/MPa

-9.8357e+005~-8.0000e+005
-8.0000e+005~-6.0000e+005
-6.0000e+005~-4.0000e+005
-4.0000e+005~-2.0000e+005
-2.0000e+005~0.0000e+000
0.0000e+000~2.0000e+005
2.0000e+005~4.0000e+005
4.0000e+005~6.0000e+005
6.0000e+005~8.0000e+005
8.0000e+005~9.9400e+005

时间间隔=2.0e+005

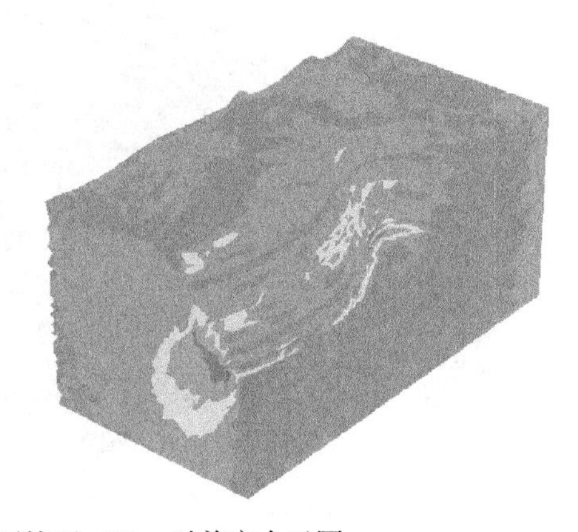

图 3.29 开挖至-170m 时剪应力云图

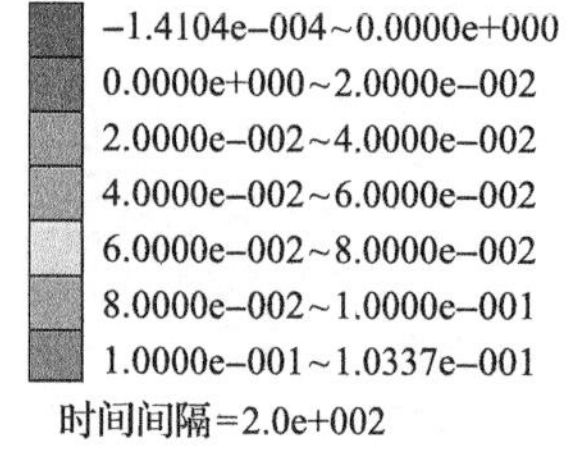

图 3.30　开挖至−170m 时蚀变带处剪应变增量等值线图

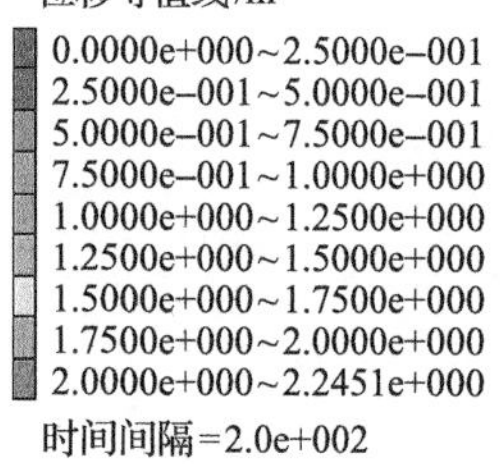

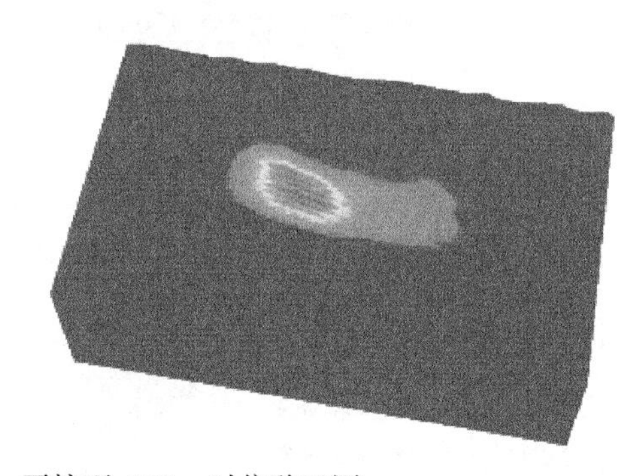

图 3.31　开挖至−170m 时位移云图

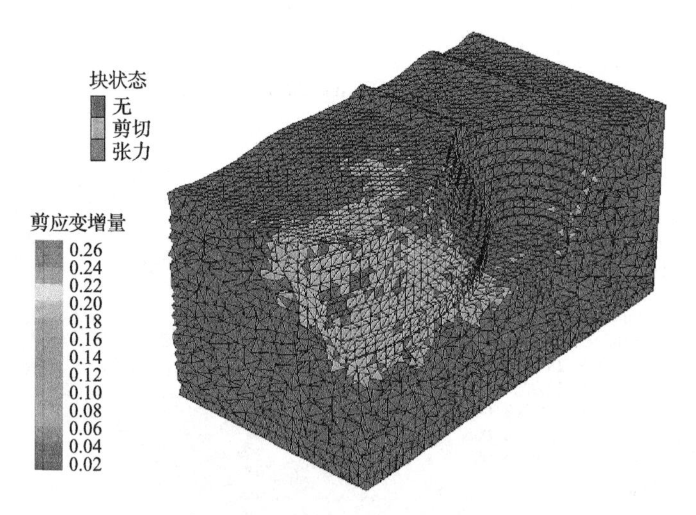

图 3.32　开挖至−170m 时塑性区图

剪应变增量等值线
-1.5557e-003~0.0000e+000
0.0000e+000~5.0000e-003
5.0000e-003~1.0000e-002
1.0000e-002~1.5000e-002
1.5000e-002~2.0000e-002
2.0000e-002~2.5000e-002
2.5000e-002~2.5043e-002
时间间隔=2.0e+002

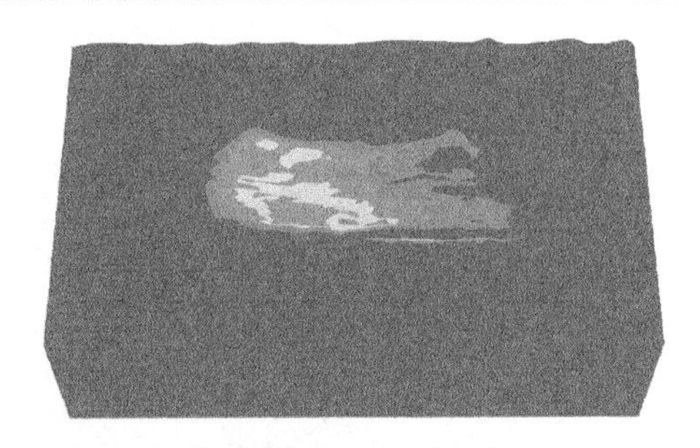

图 3.33 开挖至-170m 时剪应变增量等值线图及最危险范围

出现应力集中现象。最小主应力分布云图中的最大压应力为 10.53MPa，分布于模型的下部，最大拉应力为 2.17MPa，分布范围极小，主要集中在 3 号蚀变带附近的台阶平面上，以拉应力为主。最大拉剪应力分布在边坡底部与蚀变带接触附近，最大值为 0.99MPa，沿坡脚向 3 号蚀变带方向进一步扩展。

由位移分布云图可知，边坡形成后北帮边坡位移量较大，最大值为 2.25m，主要发生在北帮边坡与 3 号蚀变带接触带附近。由剪应变增量云图可以看出，滑坡体集中在北帮边坡蚀变带附近，局部剪应变增量明显，利用强度折减法计算得到边坡安全系数为 1.36。边坡的开挖，导致边坡临空面岩体出现塑性区，北帮边坡因 3 号蚀变带的存在，开挖过程中在一定深度范围内会出现因受剪作用而形成的塑性区。

总体来看，模拟数值和局部滑坡位置与矿上监测数据和北帮边坡主滑区范围较为吻合，3 号蚀变带对北帮边坡稳定性有较大影响。因此该模型可以作为后期长期稳定性分析的基础，提供参数取值范围和几何构造。

(5)矿坑水位上升至-58m 水平模拟结果分析。

水位上升后，水对岩体工程的影响产生相应的力学效应，边坡被淹没的部分会有浮力作用，从而有效重力减少。随着水位上升，水位以下岩土体逐渐饱和软化，强度降低，特别是风化程度较高的岩石和软岩对水极为敏感，遇水后强度降低幅度较大，尤其是对仓上金矿岩质边坡中 3 号蚀变带的影响，其强度变化更为明显，抗剪强度大幅降低。因此需要研究水位上升对边坡稳定性的影响。

矿坑内水位变化示意图如图 3.34 所示，本次边坡数值模拟分析利用 FLAC3D 中的 water table face 数据文件，生成无渗流模式下的孔隙水压力，然后结合仓上金矿岩质边坡数值模型进行安全系数计算。根据上述计算原理分别选取矿坑不同水位工况下对边坡稳定性的影响，得到在不同水位作用下边坡的安全系数变化如图 3.35 所示。

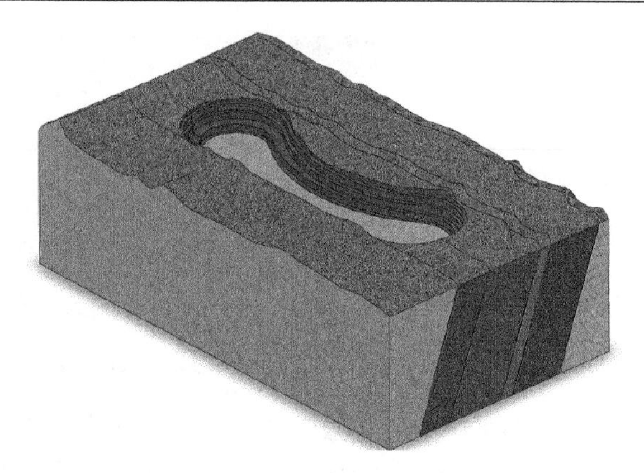

图 3.34　矿坑内水位示意图

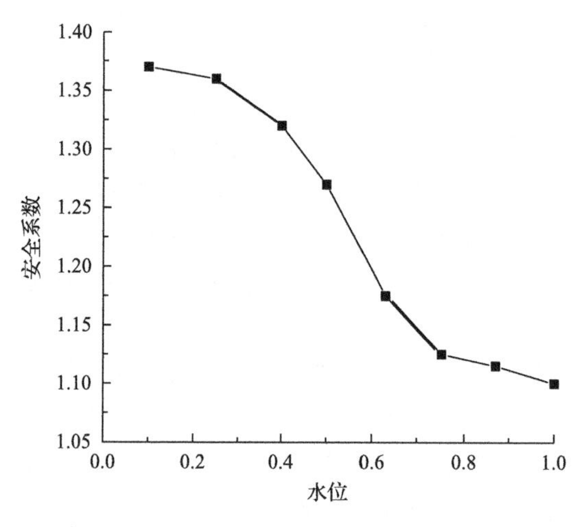

图 3.35　边坡安全系数与水位上升关系图

根据图 3.35 中确定的安全系数，随着水位的上升，安全系数降低，但在水位上升的初始阶段，边坡安全系数变化明显，可见边坡未发生破坏，水位上升到 7/10 深度后安全系数变化趋缓，由此分析危险水位点应该是在满水位的 7/10 以上。

矿坑水位上升–58m 时边坡岩体的位移云图及剪应变增量云图(北帮边坡与蚀变带接触部位剖面)分布情况如图 3.36、图 3.37 所示。

由模拟结果可知，边坡水位在–58m 时最大位移量为 6.5cm，基本符合监测数据的 6.8cm(监测数据如图 3.38 所示)。剪应变增量图中，随着水位上升，因 3 号蚀变带的存在，薄弱区逐渐扩展，在坡脚和边坡顶部会出现一条贯通良好的因剪切作用而形成的薄弱区，滑移面呈圆弧状，表明边坡的最终破坏

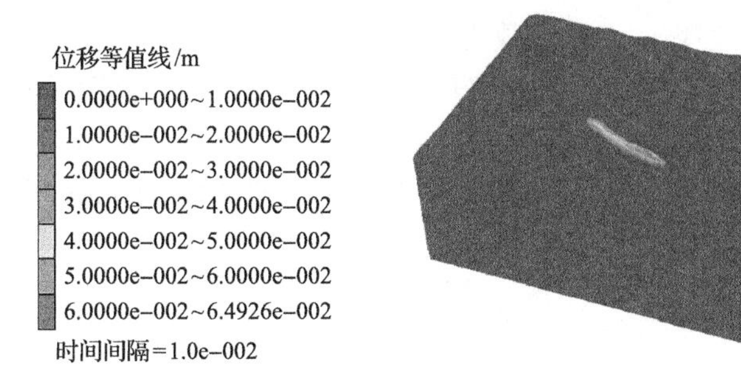

图 3.36　水位在-58m 时位移云图

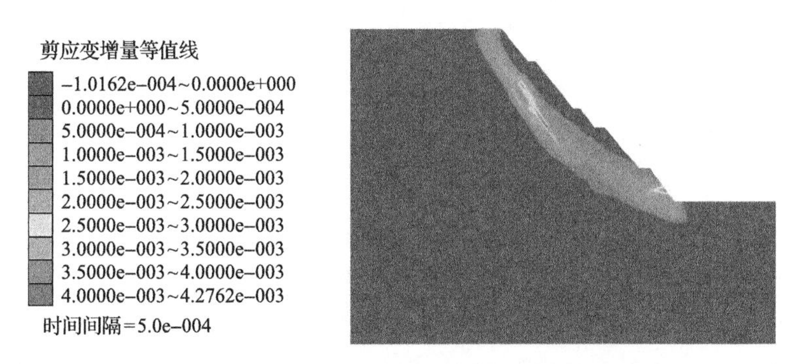

图 3.37　水位在-58m 水平时剪应变增量云图

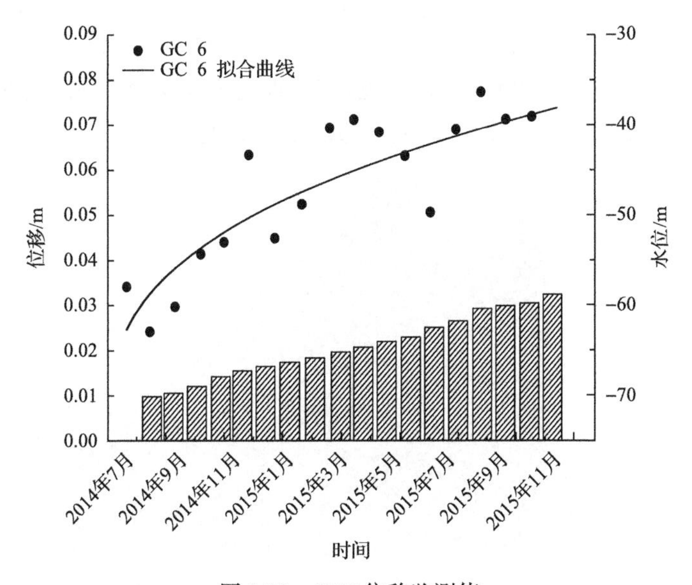

图 3.38　GC6 位移监测值

将为圆弧形破坏，此时边坡的安全系数为 1.26，低于自然工况下的安全系数，因此可以看出，随着向尾矿库内排放尾砂，水位上升后边坡稳定性降低。

为分析具体危险水位点，在满水位的 7/10 以上取–60m、–55m、–50m、–45m、–40m、–35m 工况进行分析，得安全系数与水位的关系如图 3.39 所示。

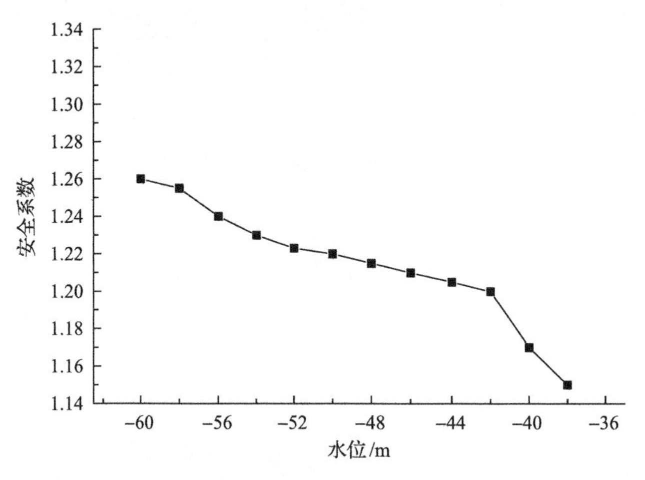

图 3.39 边坡安全系数与水位的变化

根据矿坑边坡安全规范，考虑一定的安全储备，根据图 3.39 数据确定边坡安全系数为 1.20 时的危险水位值为–42m，即当水位上升至–42m 时，边坡将出现危险。

通过 FLAC3D 利用动态强度折减法得到–42m 时塑性区云图（剖面图）如图 3.40 所示，此时边坡塑性区贯通，边坡最容易发生破坏。

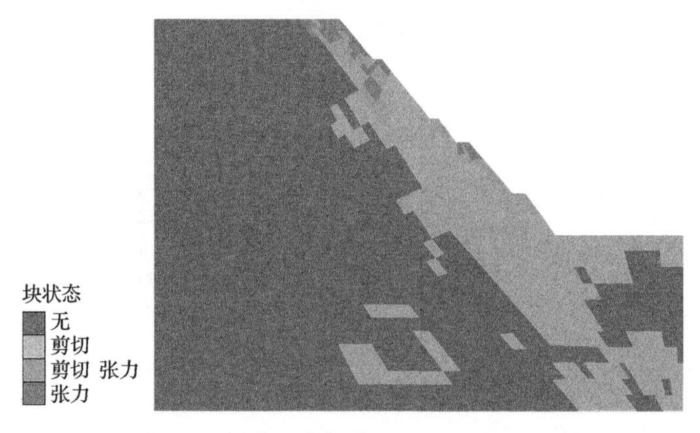

图 3.40 动态强度折减–42m 时塑性区云图

3）边坡变形破坏机理分析

边坡岩体结构的赤平投影分析表明：矿区内的绝大部分断层均为北东走向，倾向南东，倾角超过 50°，为陡倾角断层。从北帮边坡破坏的历史资料和目前的变形与破坏特征分析来看，台阶边坡由于存在不连续面的组合关系，边坡上部沿蚀变带滑动，下部剪断岩体产生平面-圆弧复合型破坏，边坡的破坏模式主要为圆弧破坏，3 号蚀变带的存在对北帮岩质边坡的稳定性影响较大。由此可见边坡岩体结构赤平投影分析结果与实际情况较为吻合。

通过运用 FLAC3D 软件模拟了北帮岩质边坡开挖过程的应力、位移、塑性区与剪应变增量分布情况，模拟结果表明：

（1）开挖过程中边坡的最大和最小主应力变化基本沿边坡垂直方向以层状规律分布。随着开挖深度的增加，最小主应力绝对值逐渐减少（12.13MPa→10.57MPa→10.53MPa），最小主应力小范围分布在开挖后的坡顶和 3 号蚀变带附近的台阶面上。露天开采形成边坡的过程中，北帮边坡最大位移量为 2.25m，主要发生在北帮边坡西侧与 3 号蚀变带接触的地方。

（2）利用 FLAC3D 对仓上金矿岩质边坡细化的单元，通过最大剪应变增量等值线图分析边坡最容易失稳的部位，结合边坡的变形特征分析边坡的稳定性。由边坡剪应变增量云图可知，开挖至–170m 时，边坡北帮在开挖过程中会出现因受剪作用而形成的小范围薄弱区，主要集中在北帮边坡与 3 号蚀变带接触的地方。从滑坡失稳模式来看，北帮边坡以局部破坏模式为主，这些基本与该滑坡机理一致。

（3）通过分析岩质边坡应力、位移图可知，高陡岩质边坡的滑移变形首先会在坡顶处的滑移区域出现，受到外界因素的不断影响，滑移体自重应力垂直于构造岩层面方向的分力逐渐减小，造成上覆岩体沿构造岩层面产生蠕滑变形，导致坡顶出现拉裂错动变形。随着坡顶岩体滑移的不断发展，滑移面会沿蚀变带方向发生贯通，最终的变形发展成为边坡岩体的剪切变形破坏。

（4）随着矿坑内水位的上升变化，北帮边坡安全系数逐渐降低，边坡稳定性逐渐下降，水位在–58m 时的最大位移量为 6.5cm，此时边坡的安全系数为 1.26。通过分析得到边坡发生失稳时的临界水位值为–42m，此时边坡塑性区完全贯通，边坡容易滑坡。

（5）北帮岩质边坡长期自然暴露，且大规模开挖增大边坡变形量，边坡表面张拉裂缝逐渐增多，受风吹日晒、雨水冲刷等作用，坡体结构松散、强度降低，降雨通过地表裂缝进入边坡内部，导致内部水压急剧增大。根据变形监测数据和数值模拟分析可知，随着时间的推移，从矿山开采到作为尾矿库投入使用，仓上金矿北帮岩质边坡经历了由剧烈变形到缓慢变形阶段。此外，后期尾矿库水位上升将侵蚀边坡基岩，进一步加剧边坡的不稳定状况，引发滑坡灾害。又因 3 号蚀变带的存在，扩大了边坡塑性区的分布，在距坡面一定深度范围内会出现因受剪作用而形成的较大范围塑性区，对北帮边坡的稳定性和位移带来不利影响。3 号蚀变带只能影响其发育长度内的边坡稳定性，不可能引起整体边坡的顺层滑动，影响范围具有局部性，一旦遭遇极端情况，容易引起一系列的连锁反应，最终可能发生重大灾害，造成边坡局部失稳破坏。

3. 基于 FLAC3D 的无水状态下对边坡的影响分析

本次主要是分析矿坑在没有水的情况下其稳定状态，并对岩体不进行饱水-失水循环情况下的岩体参数进行反演优化，为水位上升时的稳定性分析进行模型优化。

1) 整体几何模型构建

仓上金矿露天坑整体稳定性分析是通过对矿坑整体建模并进行模拟分析，确定不稳定区域，进而对不稳定区域进行建模，分析边坡变形分布规律与安全状态。根据仓上金矿露天坑三维地形图坐标，通过 Sufer 和 ANSYS 软件建立几何模型，再通过自编程序导入 FLAC3D 中，模型如图 3.41 所示。

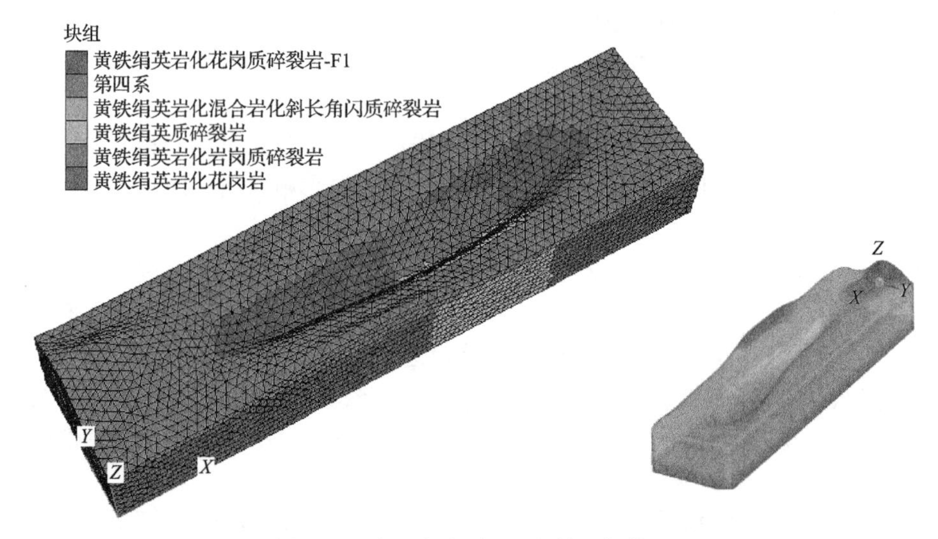

图 3.41 仓上金矿露天坑整体几何模型

考虑到矿坑工程范围内岩体种类较多，图 3.41 为局部岩体分组，其余分组采用通过编程控制 X、Y、Z 坐标控制，以便岩体参数输入。

2）参数确定

通过室内试验分析了五种岩石的单轴压缩、劈裂抗拉和三轴压缩特性，通过应力-应变曲线可知五种岩石的破坏为明显脆性破坏，因此可以考虑采用莫尔-库仑模型进行分析，即认为岩石达到峰值应力后，出现破坏，不考虑破坏后的失稳过程。在室内试验中得到的饱水-失水循环次数 $n=0$，即自然状态的力学试验数据由于尺寸效应不能直接应用于模拟分析，为分析室内试验数据与工程参数的对应关系，采用小模型进行分析对比，即通过矿坑岩石状态单一的位置进行建模，通过模拟对比实际监测变形值，对参数进行优化。

通过对比分析矿坑地层分布，矿坑 487 勘探线和 503 勘探线属于地层岩石最差的区域，而实际监测数据也反映了这两个区域的变形较大，失稳特征最明显，而部分勘探线则岩石较单一，因此可以采用岩石条件单一的边坡建模反演分析岩石力学参数，进而确定室内试验得出的岩石参数与工程模拟采用的参数的对比关系。以 432 勘探线进行分析，该区域边坡结构和岩层分布如图 3.42 所示。

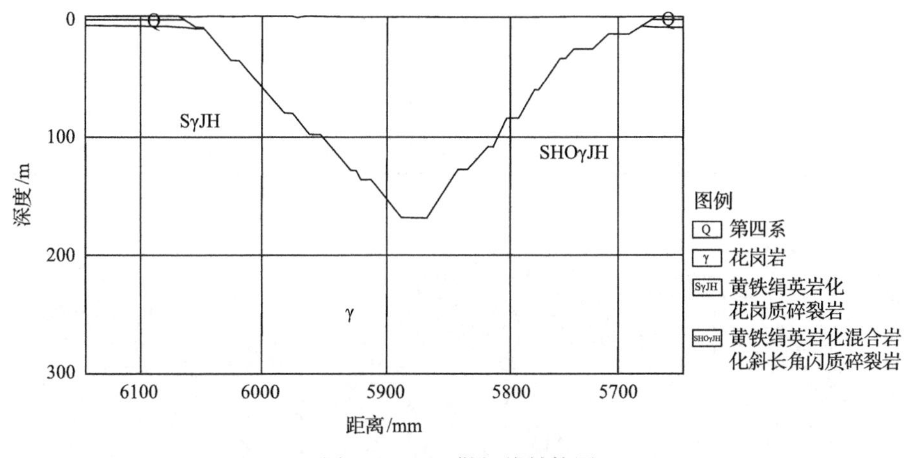

图 3.42 432 勘探线结构图

432 勘探线岩石结构相对单一，主要为花岗岩、黄铁绢英岩化花岗质碎裂岩和黄铁绢英岩化混合岩化斜长角闪质碎裂岩，根据 432 勘探线边坡结构建立数值模型如图 3.43 所示。

模型初始参数输入参照五种岩石室内试验结果，具体见表 3.7。

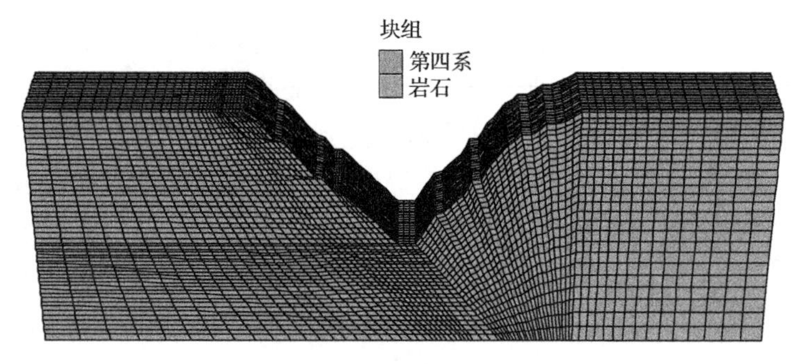

图 3.43　参数优化几何模型

表 3.7　模型初始参数输入值

岩性	容重/(kN/m³)	弹性模量/GPa	泊松比	黏聚力/MPa	内摩擦角/(°)
第四系	19.2	0.018	0.21	0.068	16.5
黄铁绢英岩化混合岩化斜长角闪质碎裂岩	25.2	16.75	0.212	16.99	37.12
黄铁绢英质碎裂岩	23.5	16.66	0.236	9.59	42.98
黄铁绢英岩化花岗质碎裂岩	24.6	10.5	0.282	3.912	50
黄铁绢英岩化花岗岩	25.0	15.24	0.224	13.346	40
花岗岩	26.8	16.39	0.211	15.21	39.10

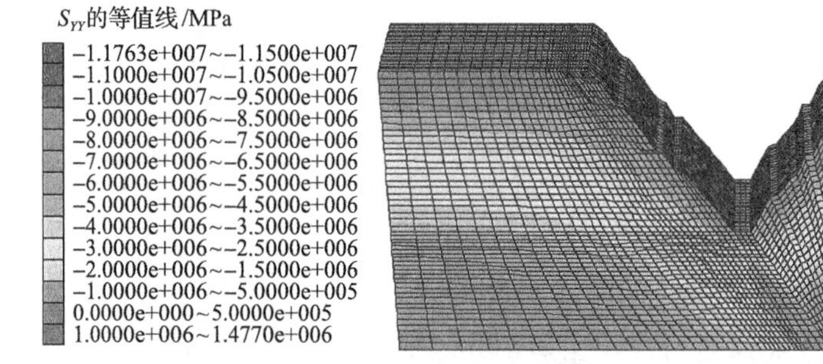

图 3.44　参数优化模型初始应力平衡

初始应力平衡考虑工程深度相对不大，采用弹性方法进行初始应力平衡，经模拟计算后应力分布如图 3.44 所示，剪应力分布如图 3.45 所示。

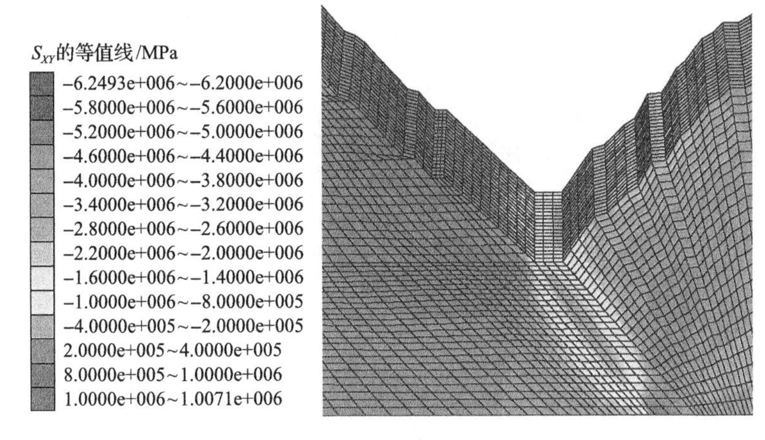

图 3.45　优化模型剪应力分布

从图 3.44 可以看出，由于自重应力的影响，在坡脚处位移最大，同时产生较大的竖向应力，最大达到 2.32MPa，而从剪应力分布来看，在坡脚处容易产生较大的应力集中区。为分析不同深处自重应力的分布，分别对坡体从地面−60m、−120m 和−170m 处的应力做切片，结果如图 3.46 所示。

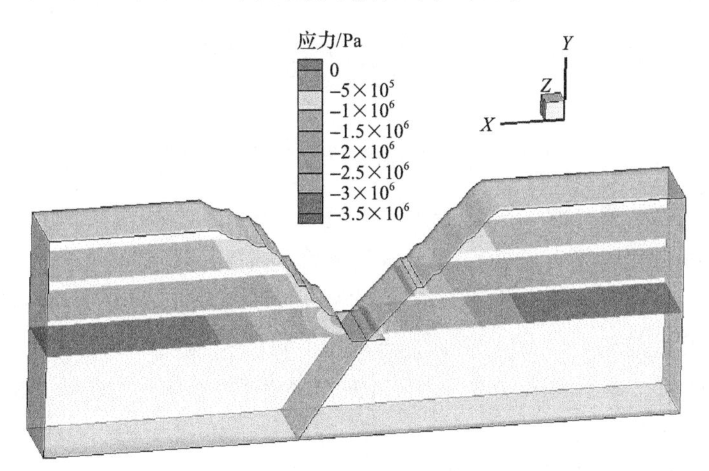

图 3.46　切片应力分布

分析图 3.46 可知，自重应力在坡体不同深度处因临空面的影响，呈现非水平形状，且随着深度的增加，应力水平越大。

根据初始参数模拟计算，边坡体的水平变形分布如图 3.47 所示，其竖向变形如图 3.48 所示。

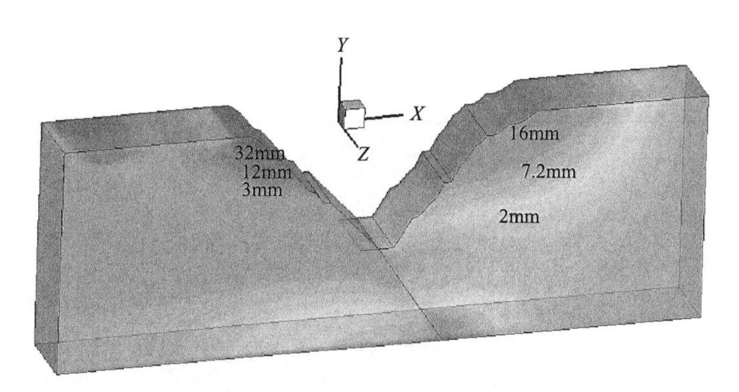

图 3.47　初始参数边坡水平变形分布图

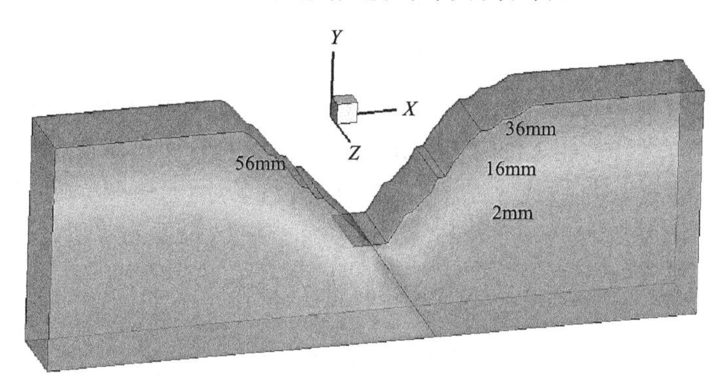

图 3.48　初始参数边坡竖向变形分布图

根据监测结果，水平位移最大变形值为 32mm，竖向沉降最大为 56mm，模拟计算值与实际情况不符，需要进行参数调整，调整时首先进行泊松比调整，使竖向位移和水平位移的比值与监测水平位移和竖向沉降值一致；然后进行弹性模量调整，使最大变形值与实测值对应；最后调整黏聚力、内摩擦角及抗拉强度。具体调整方法采用 Fish 编程按照比例增加或减小参数方法，其过程如图 3.49 所示。

最后调整结果如表 3.8 所示。

对比表 3.7 和表 3.8 参数值，容重参数不予调整，工程数值模拟岩石参数调整系数(即数值模拟参数值与室内试验参数的比值)如表 3.9 所示。

从表 3.9 中数据可以看出，黄铁绢英岩化花岗质碎裂岩和黄铁绢英岩化混合岩化斜长角闪质碎裂岩的参数调整系数基本一致，第四系参数调整系数则较小。

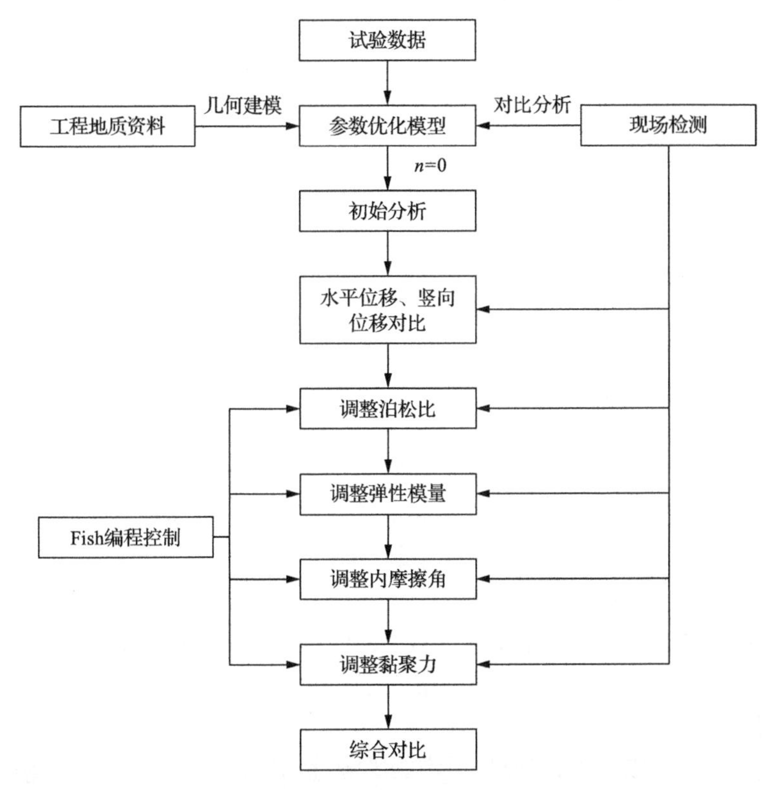

图 3.49 参数优化过程

表 3.8 无水状态下调整后参数值

岩性	容重/(kN/m³)	弹性模量/GPa	泊松比	黏聚力/MPa	内摩擦角/(°)
第四系	19.2	0.01	0.21	0.04	10.56
黄铁绢英岩化混合岩化斜长角闪质碎裂岩	25.2	10.22	0.21	11.21	25.61
黄铁绢英质碎裂岩	23.5	11.50	0.24	6.71	26.22
黄铁绢英岩化花岗质碎裂岩	24.6	6.51	0.28	2.43	30.00
黄铁绢英岩化花岗岩	25.0	10.36	0.22	8.81	24.00
花岗岩	26.8	11.31	0.21	9.73	26.20

表 3.9　岩石参数调整系数

岩性	容重/(kN/m³)	弹性模量/GPa	泊松比	黏聚力/MPa	内摩擦角/(°)
第四系	1.00	0.67	1.00	0.62	0.64
黄铁绢英岩化混合岩化斜长角闪质碎裂岩	1.00	0.61	1.00	0.66	0.69
黄铁绢英质碎裂岩	1.00	0.69	1.00	0.70	0.61
黄铁绢英岩化花岗质碎裂岩	1.00	0.62	1.00	0.62	0.60
黄铁绢英岩化花岗岩	1.00	0.68	1.00	0.66	0.60
花岗岩	1.00	0.69	1.00	0.64	0.67

3) 整体模型模拟分析

(1) 岩石参数取值。

采用表 3.9 中经过数值模拟优化后的五种岩石力学参数，考虑到矿坑由于断裂构造带的切割影响使得岩层分布并没有明显的规律性，采用 Fish 编程进行坐标控制输入不同岩层的力学参数。

(2) 初始应力平衡。

仓上金矿露天坑工程深度相对不大，可以采用弹性法进行初始应力平衡，其参数根据表 3.9 中的弹性模量和泊松比确定，最终竖向初始应力模拟计算结果如图 3.50 所示。

从图 3.50 可以看出，西侧排土堆的影响，造成西侧竖向应力比东侧略大，而矿坑不同勘探线处的应力分布如图 3.51 和图 3.52 所示。

从图 3.51 和图 3.52 中仓上金矿露天坑初始应力纵向切片和横向切片分布来看，采矿造成坡体岩石卸荷，使得应力分布并不均匀。

(3) 边坡变形分析。

不考虑开挖过程中的地层变形，仅以目前典型的五种岩石力学状态，分析边坡变形分布规律及安全状态，岩石参数取值采用表 3.9 中优化后参数值。经模拟计算后其变形分布如图 3.53 所示。

从图 3.53 中可以明显看出，487 勘探线和 503 勘探线附近边坡体的变形较大且该处边坡体的位移趋势最为明显，487 勘探线和 503 勘探线处的边坡水平位移和竖向位移分布如图 3.54 所示。

根据模拟结果，从图 3.54 可以看出，487 勘探线主坡体最大水平位移为 10.8cm，最大竖向位移为 8.4cm，而 503 勘探线主坡体最大水平位移为 9.6cm，最大竖向位移为 8.1cm，而根据 2007～2010 年实测数据 487 勘探线主坡体最

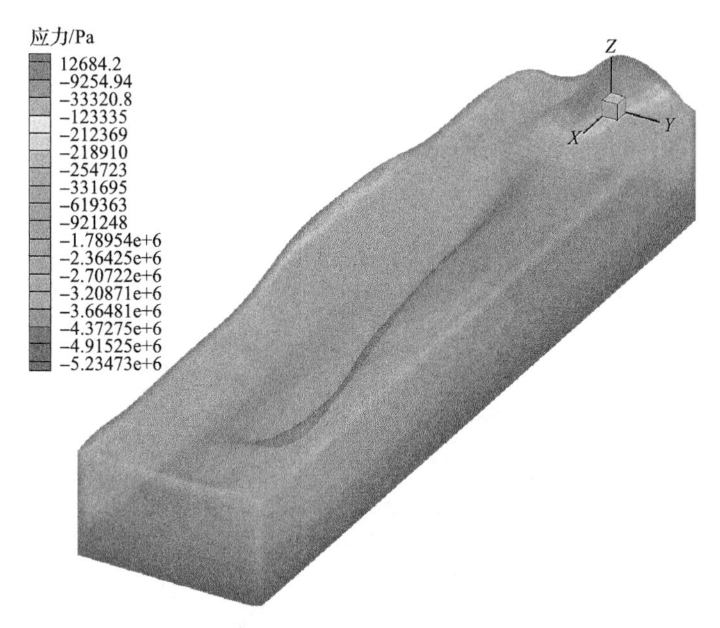

图 3.50 整体模型初始应力分布图(竖向应力)

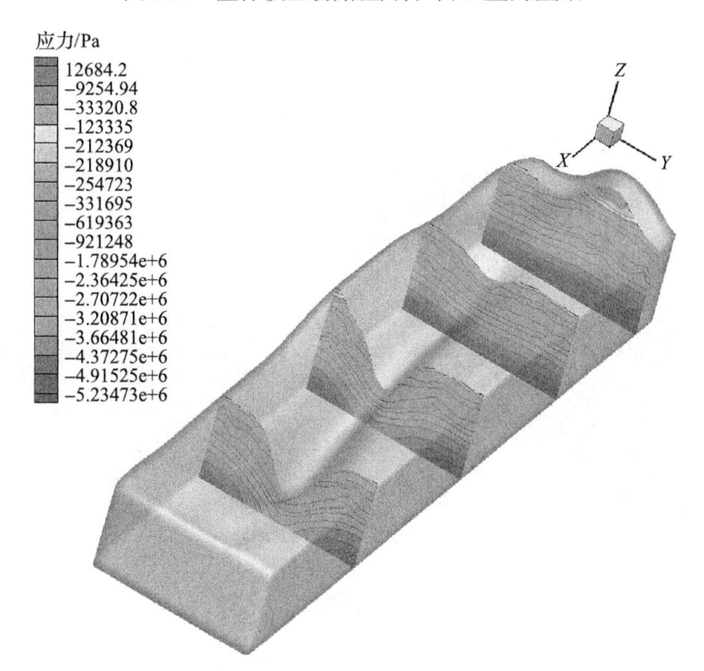

图 3.51 不同勘探线处的应力分布(竖向应力横向切片)

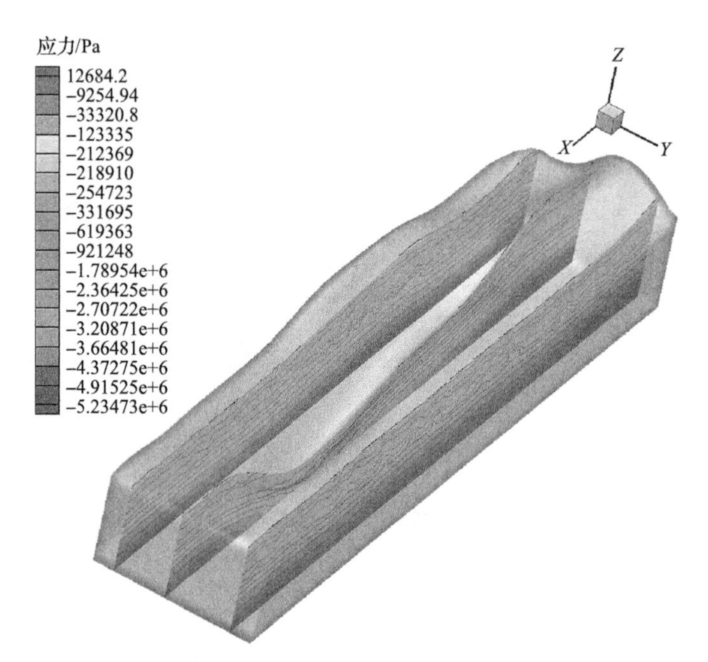

图 3.52　不同勘探线处的应力分布(竖向应力纵向切片)

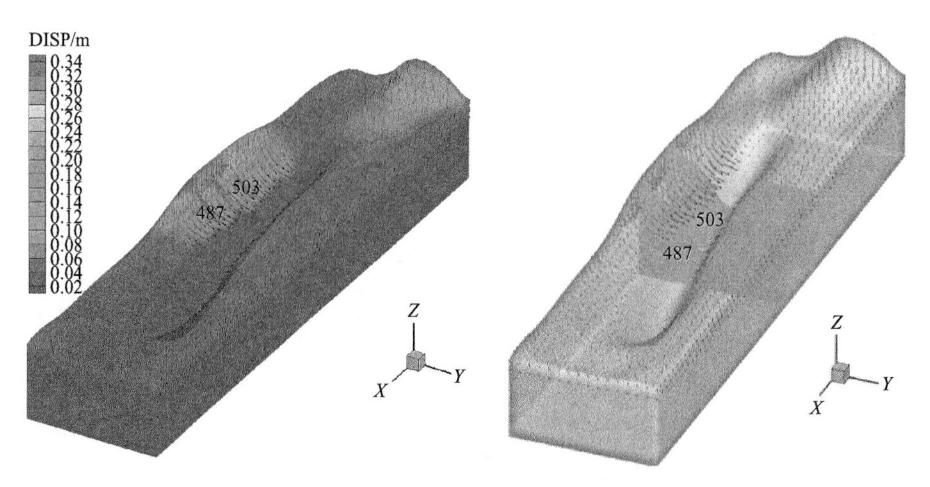

图 3.53　整体模型变形分布

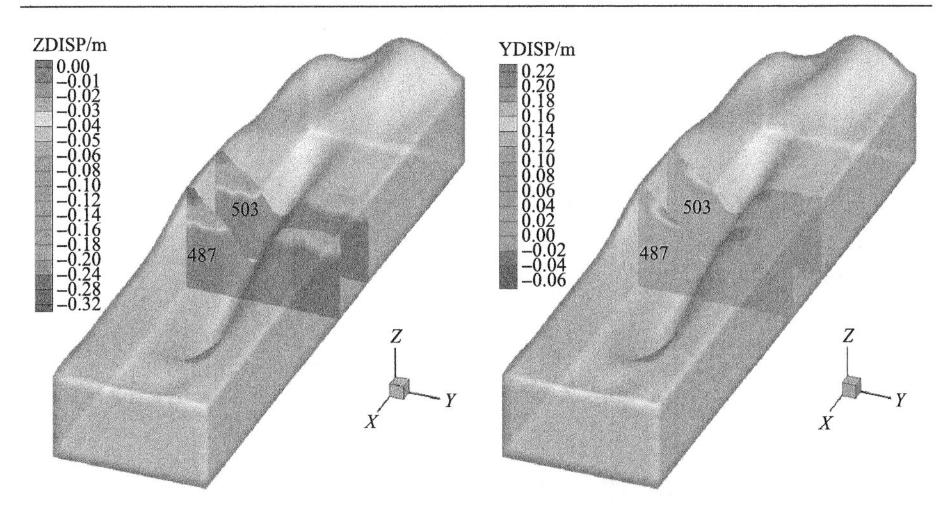

图 3.54 487 勘探线和 503 勘探线水平位移和竖向位移分布

大水平位移为 10.8cm，最大竖向位移为 8.4cm，而 503 勘探线主坡体最大水平位移为 9.6cm，最大竖向位移为 8.1cm，模拟值较为吻合，因此该基础模型可以作为后续长期稳定性和局部细化分析的基础，提供参数取值范围和几何模型构造。

(4)边坡安全评价。

边坡安全评价是对边坡在现有状态下(几何结构、岩性状态、外界影响等)对其安全状态进行分析，20 世纪 80 年代后随着计算机硬件和软件的快速发展，采用强度折减法(SSR)对边坡进行安全评价一度成为主流分析方法，如美国 Dawson 等[92]采用有限元强度折减法对美国公路边坡进行了安全分析，中国郑颖人、黄波林、刘红岩、黄润秋、张黎明、刘才华、任雁飞等对有限元强度折减法在岩土工程中的应用做了大量的工作，并提出了一些经过改进的强度折减法[93-99]。

强度折减法考虑岩土工程中地层介质随着变形发展其强度逐渐降低，而且其过程具有不可逆性[100]，基于这一理论，定义安全系数为岩体的实际抗剪强度与工程破坏时抗剪强度指标的比值，同时将黏聚力和内摩擦角除以折减系数 K，得到新的一组黏聚力和内摩擦角，然后对边坡稳定性进行数值模拟分析，通过不断地增加折减系数 K，重复以上过程，直至边坡临界破坏，此时的折减系数 K 就是边坡的安全系数。

$$c' = \frac{c}{K} \tag{3.32}$$

$$\varphi' = \arctan\left(\frac{\tan\varphi}{K}\right) \tag{3.33}$$

式中，K 为折减系数；c 为岩体黏聚力，Pa；c'为折减后黏聚力，Pa；φ 为岩体内摩擦角，(°)；φ'为折减后内摩擦角，(°)。

强度折减系数法虽然在理论上依然还有很多无法解释的地方，但比传统的边坡稳定性分析法具有以下优势[101]：

(1)考虑了岩土体的本构关系，更加真实地反映边坡受力变形状态；

(2)能够对复杂地质、地貌的各类边坡进行稳定性分析；

(3)能够模拟土质边坡滑坡过程及其滑移面形状(通常由剪应变增量或者位移增量确定滑移面的形状和位置)；

(4)能够模拟边坡岩土体与支护结构(超前支护、土钉、面层等)的共同作用；

(5)求解安全系数时，可以无须进行条分以及假定滑移面的形状。

采用 FLAC3D 对边坡进行强度折减法安全评价时，认为边坡失稳破坏可以看作是数值模拟过程中塑性区逐渐发展、扩大直到完全贯通的过程，在这一过程中，边坡岩土材料采用莫尔-库仑强度准则进行模拟时，岩土材料进入屈服状态时虽然没有考虑峰后承载能力，但用于分析安全性则完全可以，特别是对于仓上金矿五种典型岩石均为脆性岩石，峰后承载能力很弱，残余强度不足峰值强度的 30%时，因此可以认为达到峰值后边坡将很快失稳破坏。采用 FLAC3D 中 Fish 编程可以实现这一过程，各折减时步对应的折减系数如表 3.10 所示。

表 3.10　分步折减系数取值

时步	1	2	3	4	5	6	7	8
折减系数	1.000	2.000	1.500	1.250	1.200	1.150	1.100	1.050

由于整体网格难以全面反映 503 勘探线和 487 勘探线附近的边坡地质构造，下面将分别对 503 勘探线和 487 勘探线边坡体建模，采用不同的判据分析在不同折减系数下边坡的安全状态。

a. 模拟计算不收敛判据。

在 FLAC3D 中采用动态方程模拟静力过程，并采用最大不平衡力作为计算收敛的评定指标，当采用莫尔-库仑强度准则进行边坡稳定性分析时，单元应力状态达到峰值应力后，单元变形进入塑性流动状态，即此时单元应力不再增加，但是变形持续发展，塑性区将不断扩展，最终贯通并导致坡体出现明显的下滑状态，因此可以用模拟计算是否收敛，作为边坡稳定性评价的依据，按照表 3.10 中的折减时步进行模拟分析，各折减时步的最大不平衡力如表 3.11 所示。

表 3.11 分步折减模拟计算收敛性

时步	折减系数	不平衡力	时步	折减系数	不平衡力/Pa
1	1.000	9.99×10^{-5}	5	1.200	5.62×10^{-5}
2	2.000	3.23×10^{-2}	6	1.150	1.05×10^{-5}
3	1.500	4.26×10^{-4}	7	1.100	2.32×10^{-5}
4	1.250	7.12×10^{-5}	8	1.050	9.99×10^{-5}

从表 3.11 中可以看出，随着折减系数的增加，最大不平衡力逐渐增加，当折减系数为 2 时，已经明显不收敛，这种方法只能定性分析边坡的稳定状态，并不能进行定量分析，为了进一步确定折减系数与边坡失稳的关系，以位移判据进行分析。

b. 位移不连续判据。

当边坡体介质进入塑性状态后，最直接的变化是位移的变化，而不是应力的变化，即进入塑性破坏后，边坡出现局部滑移，从位移上分析是一部分岩土介质相对于另一部分出现明显的突变，因此可以通过设置模拟监测点，根据相应点的位移随着折减系数的变化，对其进行安全评价。监测点设置如图 3.55 所示。

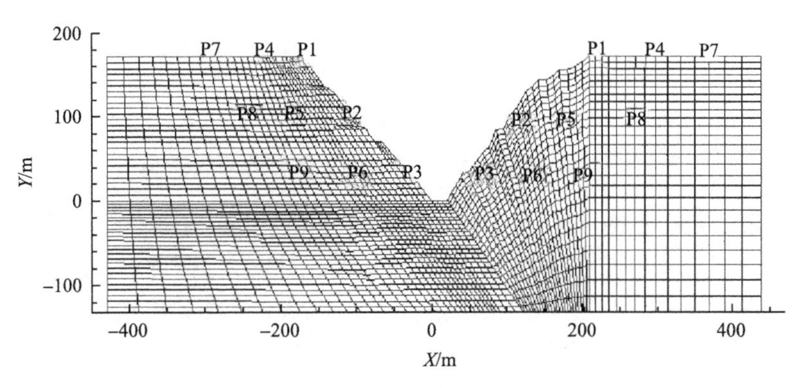

图 3.55 位移分析点布置图

通过 Fish 语言编程将不同折减系数下的位移导出后，以折减系数为横轴，以水平位移为纵轴，分析其变化关系，如图 3.56 和图 3.57 所示。

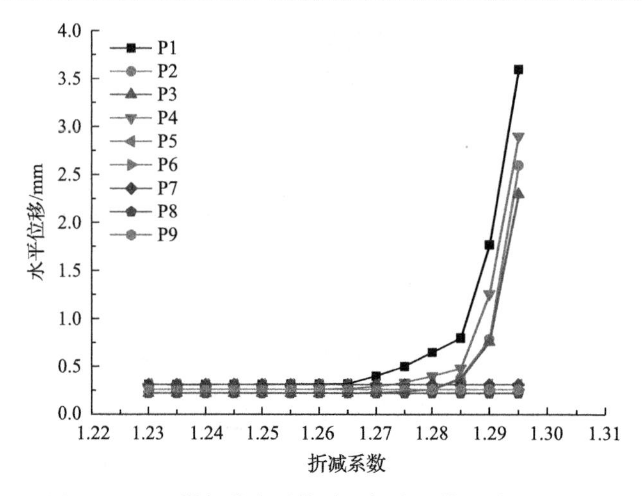

图 3.56　487 勘探线水平位移和折减系数的关系(北侧)

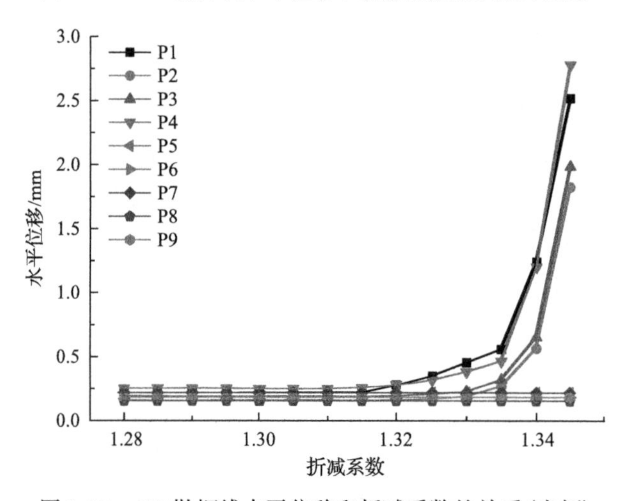

图 3.57　487 勘探线水平位移和折减系数的关系(南侧)

根据图 3.56 和图 3.57 对监测点位移变化的分析，可以看出外围点 P5、P6、P7、P8 和 P9 随折减系数的改变其位移变化并不大，因此可以取 P1、P2、P3 和 P4 进行分析，从这四个点的数据变化可以认为当曲线出现明显拐点时，边坡处于失稳状态，根据这个判据可以看出，487 勘探线北侧的安全系数为 1.285，而南侧的安全系数为 1.325，南侧比北侧相对安全得多。

4) 北侧 503 勘测线稳定性分析

(1) 503 勘测线边坡体构造特征。

503 勘探线边坡岩层倾角较大，为 52°，为高陡顺层岩质边坡，花岗岩层和黄铁绢英岩化花岗岩层岩体坚硬且比较完整；黄铁绢英岩化花岗质碎裂岩层和黄铁绢英质碎裂岩层为软弱破碎层，岩体结构面发育，如图 3.58 所示。3 号蚀变带的底部有一层断层泥，呈灰白色，局部呈灰色，为碎裂带岩质，后者较纯，内含有破碎的黄铁矿。断层泥的厚度一般为 5～15cm。断层泥下面岩层为黄铁绢英岩化花岗岩，上面岩层为黄铁绢英岩化花岗质碎裂岩。

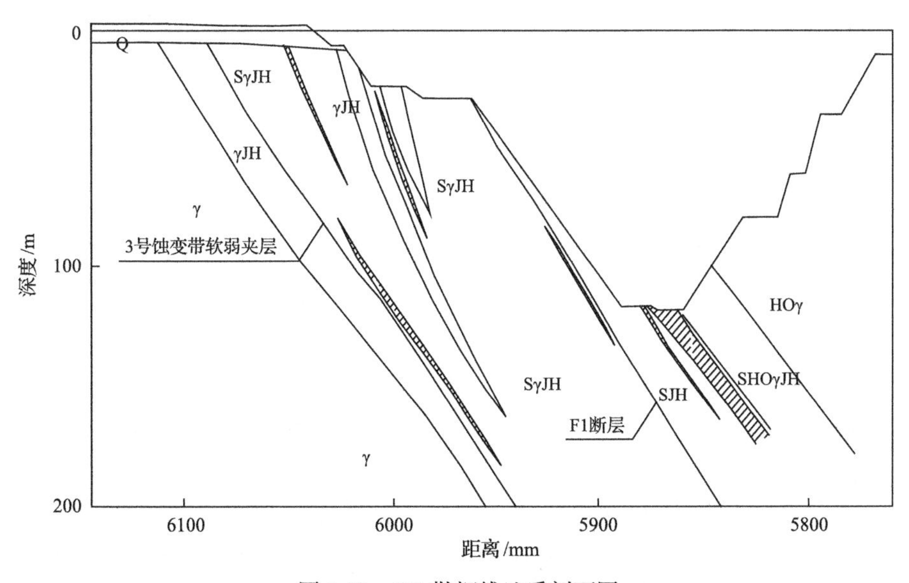

图 3.58　503 勘探线地质剖面图

(2) 503 勘探线数值模型。

503 勘探线处对边坡影响较大的是 3 号蚀变带，建模时必须充分考虑 3 号蚀变带的位置、产状，模型如图 3.59 所示。

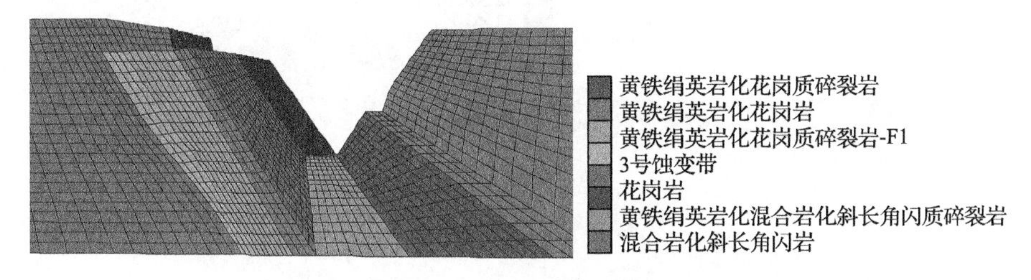

图 3.59　503 勘探线坡体模型

由于 3 号蚀变带为一软弱夹层，是影响该处边坡的主要地质带，该模型采取对 3 号蚀变带通过实体建模进而调整参数的方法进行模拟分析。

(3)模拟结果分析。

模型参数按照表 3.12 赋值。

表 3.12 503 勘探线模型参数取值

岩性	容重/(kN/m³)	弹性模量/GPa	泊松比	黏聚力/MPa	内摩擦角/(°)
第四系	19.2	0.018	0.21	0.068	16.5
3 号蚀变带	20.1	3.21	0.26	7.31	30.2
黄铁绢英岩化混合岩化斜长角闪质碎裂岩	25.2	16.75	0.212	16.99	37.12
黄铁绢英质碎裂岩	23.5	16.66	0.236	9.59	42.98
黄铁绢英岩化花岗质碎裂岩	24.6	10.5	0.282	3.912	50
黄铁绢英岩化花岗岩	25.0	15.24	0.224	13.346	40
花岗岩	26.8	16.39	0.211	15.21	39.10

经模拟计算后，初始应力分布如图 3.60(竖向应力 S_{YY})、图 3.61(剪切应力 S_{XY})所示。

从图 3.60 和图 3.61 可以看出，503 勘探线最大竖向应力为 4.5MPa，由于 3 号蚀变带的影响，北侧应力集中明显比南侧要大。经过模拟分析，在不考虑水的作用下，503 勘探线边坡变形如图 3.62 所示。

从图 3.62 可知，503 勘探线北侧水平位移最大为 88mm，南侧最大水平位移为 46mm，比 487 勘探线水平位移小，而其潜在滑移面如图 3.63 所示。

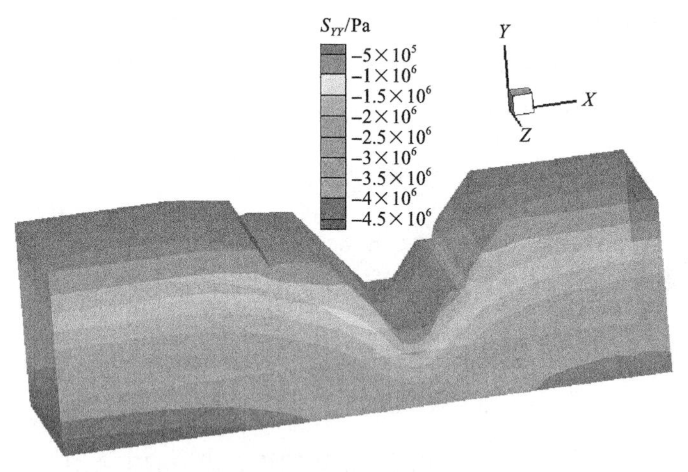

图 3.60 503 勘探线竖向应力分布

负号表示方向

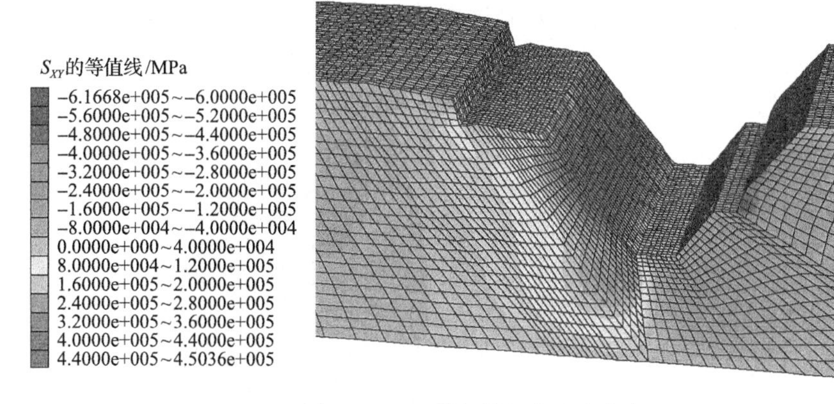

图 3.61　503 勘探线切向应力分布

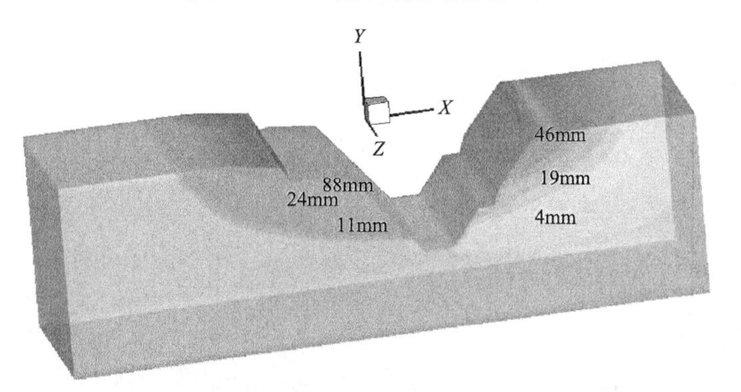

图 3.62　503 勘探线水平位移分布

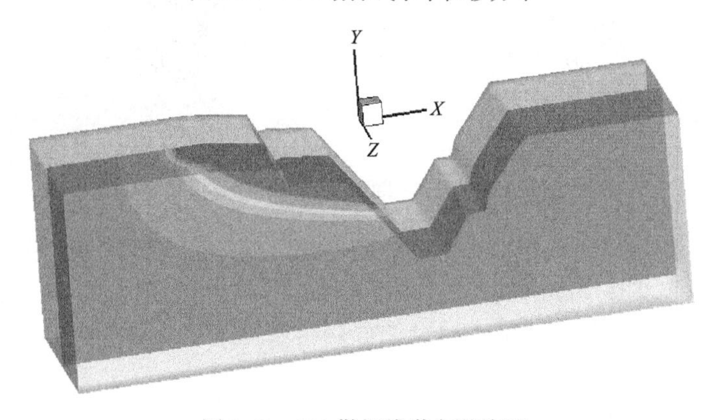

图 3.63　503 勘探线潜在滑移面

根据图 3.63，503 勘探线南侧边坡没有出现潜在的滑坡区域，而北侧则存在塑性区贯通的潜在滑坡区域。在矿坑无水时，根据实测数据其变形发展较慢，除了局部因为风化导致的小破坏外，整体稳定，而从 503 勘探线坡体的受力分析，由于 3 号蚀变带的影响，该区域无论是竖向位移，还是应力集中都比较明显，属于潜在危险区，如图 3.64 和图 3.65 所示。

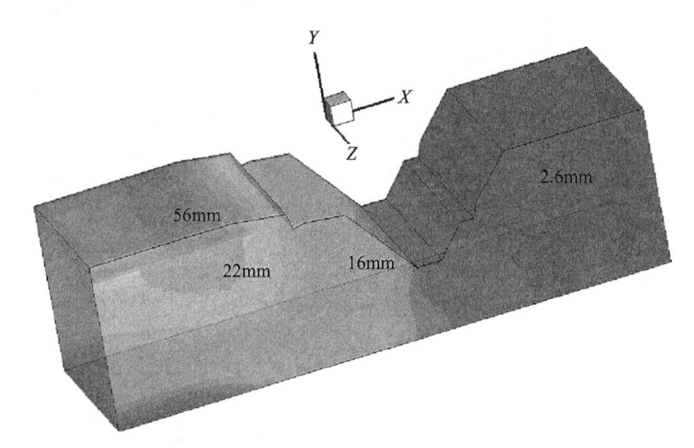

图 3.64　503 勘探线竖向位移分布

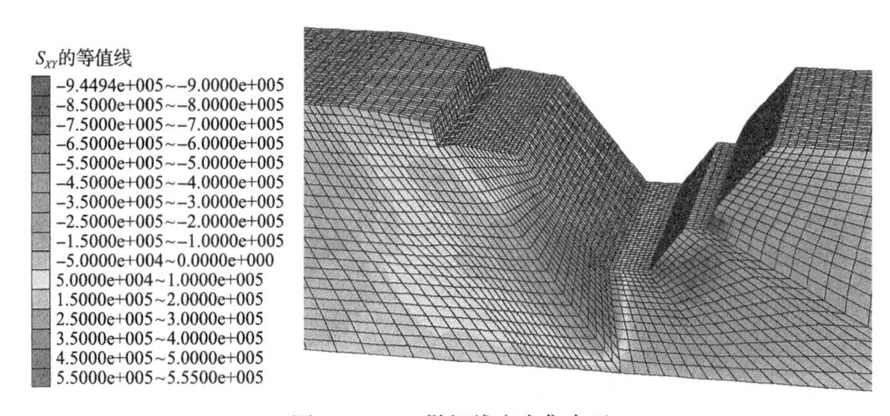

图 3.65　503 勘探线应力集中区

从图 3.66 可以看出，由于 3 号蚀变带的影响，其地面沉降比较明显，这也是现场北侧部分房屋出现开裂的原因。在 3 号蚀变带的影响下出现两个位移发展集中区，另外，由于 3 号蚀变带存在软弱夹层，在降雨入渗或水位上升的情况下，其位移发展将更为明显。

(4) 边坡安全评价。

根据对 487 勘探线边坡分析的思路，同样对 503 勘探线进行不同折减系数的不平衡力计算，结果如表 3.13 所示。

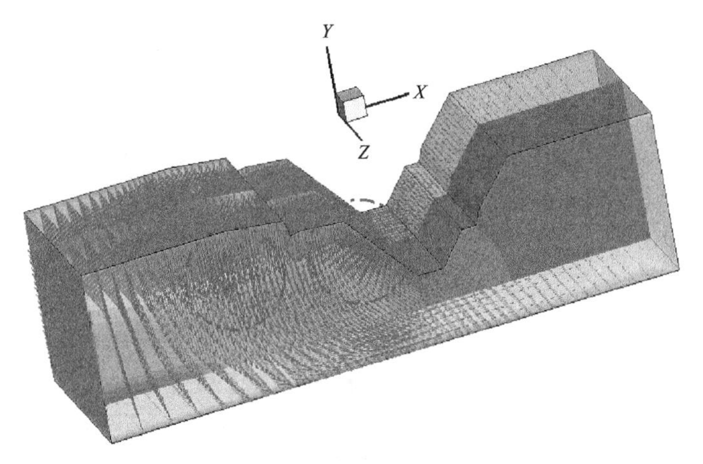

图 3.66 503 勘探线位移发展集中区

表 3.13 503 勘探线分步折减模拟计算收敛性

时步	折减系数	不平衡力	收敛性	时步	折减系数	不平衡力/Pa	收敛性
1	1.000	9.99×10^{-5}	收敛	5	1.200	5.62×10^{-5}	收敛
2	2.000	8.86×10^{-2}	不收敛	6	1.150	3.56×10^{-5}	收敛
3	1.500	9.57×10^{-5}	收敛	7	1.100	3.87×10^{-5}	收敛
4	1.250	5.22×10^{-5}	收敛	8	1.050	9.99×10^{-5}	收敛

根据表 3.13 计算结果,同样对边坡进行不同监测点的水平位移模拟分析,监测点布置如图 3.67 所示。

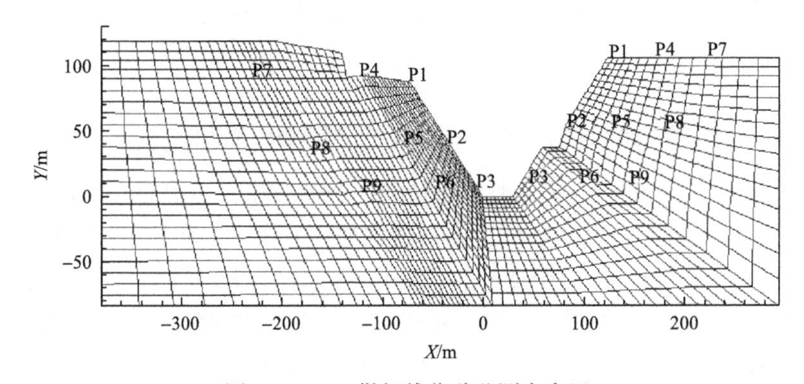

图 3.67 503 勘探线位移监测点布置

通过 Fish 语言编程将不同折减系数下的位移导出后,以折减系数为横轴,水平位移为纵轴,分析其变化关系,如图 3.68 和图 3.69 所示。

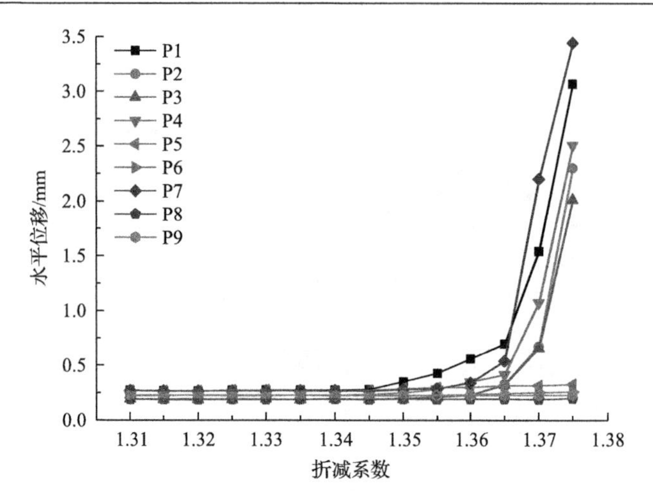

图 3.68　503 勘探线水平位移和折减系数的关系(北侧)

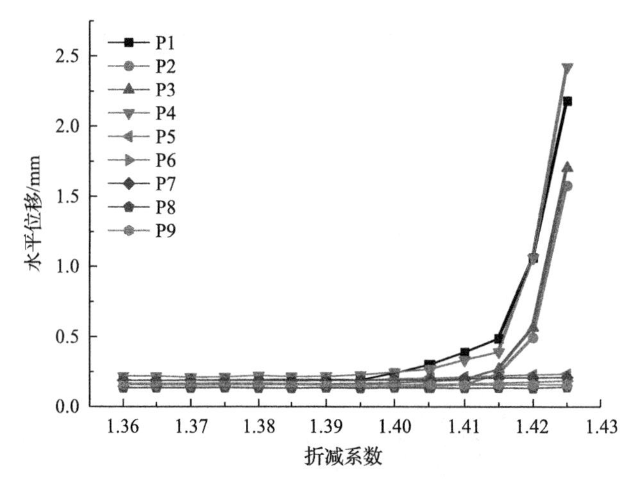

图 3.69　503 勘探线水平位移和折减系数的关系(南侧)

根据图 3.68 和图 3.69 对监测点位移变化的分析，可以看出外围点 P5、P6、P7、P8 和 P9 随折减系数的改变其数据变化并不大，因此可以取 P1、P2、P3 和 P4 进行分析，从这四个点的数据变化可以认为当曲线出现明显拐点时，边坡处于失稳状态，根据这个判据可以看出，503 勘探线北侧的安全系数为 1.365，而南侧的安全系数为 1.415，南侧比北侧相对安全得多。

4. 基于 FLAC3D 的水位上升对边坡稳定性的影响分析

通过分析水位上升对边坡稳定性的影响，给出警戒水位值和边坡安全系数。水对岩体工程的影响，一是引起有效应力的改变，二是改变岩体的力学参数，特别是风化程度较高的岩石和软岩对水极为敏感，遇水后强度降低幅度较大，因此需要特别注意水的影响，尤其对仓上金矿露天坑 3 号蚀变带，需要注意两种情况：①水位上升对边坡稳定性的影响；②水位升降变化对边坡稳定性的影响。

分析目前水位整体上升的情况对 487 勘探线和 503 勘探线边坡稳定性的影响。为此考虑以下 8 种模拟工况。

工况一：水位上升至 1/8 坑深处；

工况二：水位上升至 2/8 坑深处；

工况三：水位上升至 3/8 坑深处；

工况四：水位上升至 4/8 坑深处；

工况五：水位上升至 5/8 坑深处；

工况六：水位上升至 6/8 坑深处；

工况七：水位上升至 7/8 坑深处；

工况八：坑体满水。

1) 水位上升对 503 勘探线边坡稳定性的影响

模型采用图 3.59 所示几何模型，岩体参数为水位以下采用五种岩石浸水后极限状态下的参数值，水位以上采用自然状态下的岩石参数值，具体如表 3.14 和表 3.15 所示。

经过模拟分析后，不同工况下 503 勘探线水平位移分布如图 3.70 所示。

表 3.14 503 勘探线自然状态参数取值

岩性	容重/(kN/m^3)	弹性模量/GPa	泊松比	黏聚力/MPa	内摩擦角/(°)
第四系	19.2	0.190	0.18	0.21	0.04
3 号蚀变带	20.1	3.21	0.26	7.31	30.2
黄铁绢英岩化混合岩化斜长角闪质碎裂岩	25.2	16.75	0.212	16.99	37.12
黄铁绢英质碎裂岩	23.5	16.66	0.236	9.59	42.98
黄铁绢英岩化花岗质碎裂岩	24.6	10.5	0.282	3.912	50
黄铁绢英岩化花岗岩	25.0	15.24	0.224	13.346	40
花岗岩	26.8	16.39	0.211	15.21	39.10

表 3.15　503 勘探线饱水状态

岩性	容重/(kN/m^3)	弹性模量/GPa	泊松比	黏聚力/MPa	内摩擦角/(°)
第四系	19.2	0.190	0.18	0.21	0.04
3 号蚀变带	20.1	3.21	0.26	6.63	27.1
黄铁绢英岩化混合岩化斜长角闪质碎裂岩	25.2	15.2	0.214	16.99	37.12
黄铁绢英质碎裂岩	23.5	12.04	0.234	0.959	42.98
黄铁绢英岩化花岗质碎裂岩	24.6	6.75	0.292	15.21	39.10
黄铁绢英岩化花岗岩	25.0	12.02	0.226	0.3.13	47.89
花岗岩	26.8	12.33	0.208	12.393	38.31

从图 3.70 可以看出，随着水位的上升，边坡位移逐渐增加，但是在矿坑 1/8～3/8 水位工况下，边坡位移增加并不明显，而由于 3 号蚀变带在坡体内延伸较长，后期随着水位的上升，其位移发展变化较大。为分析与水位上升

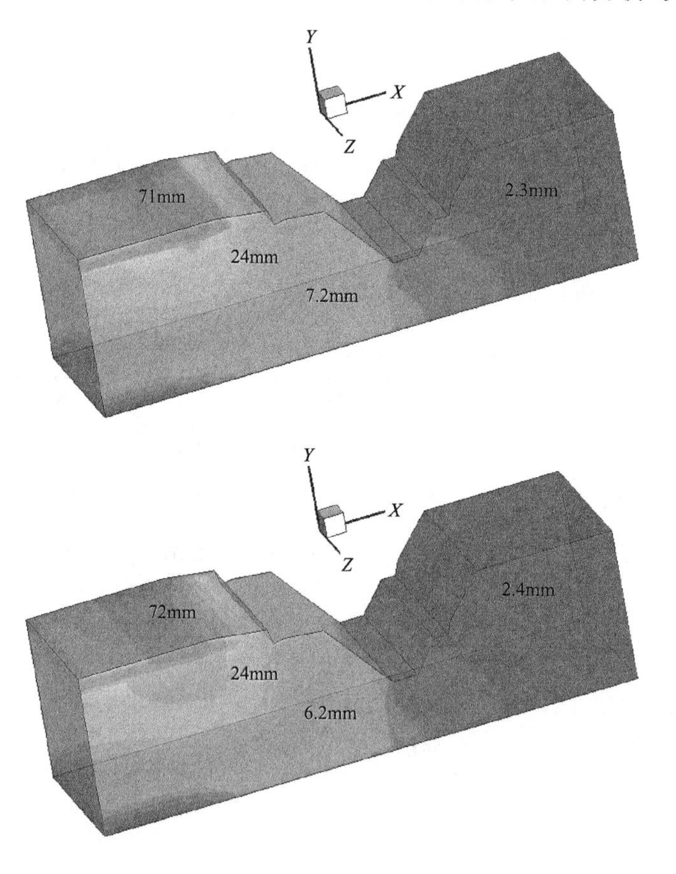

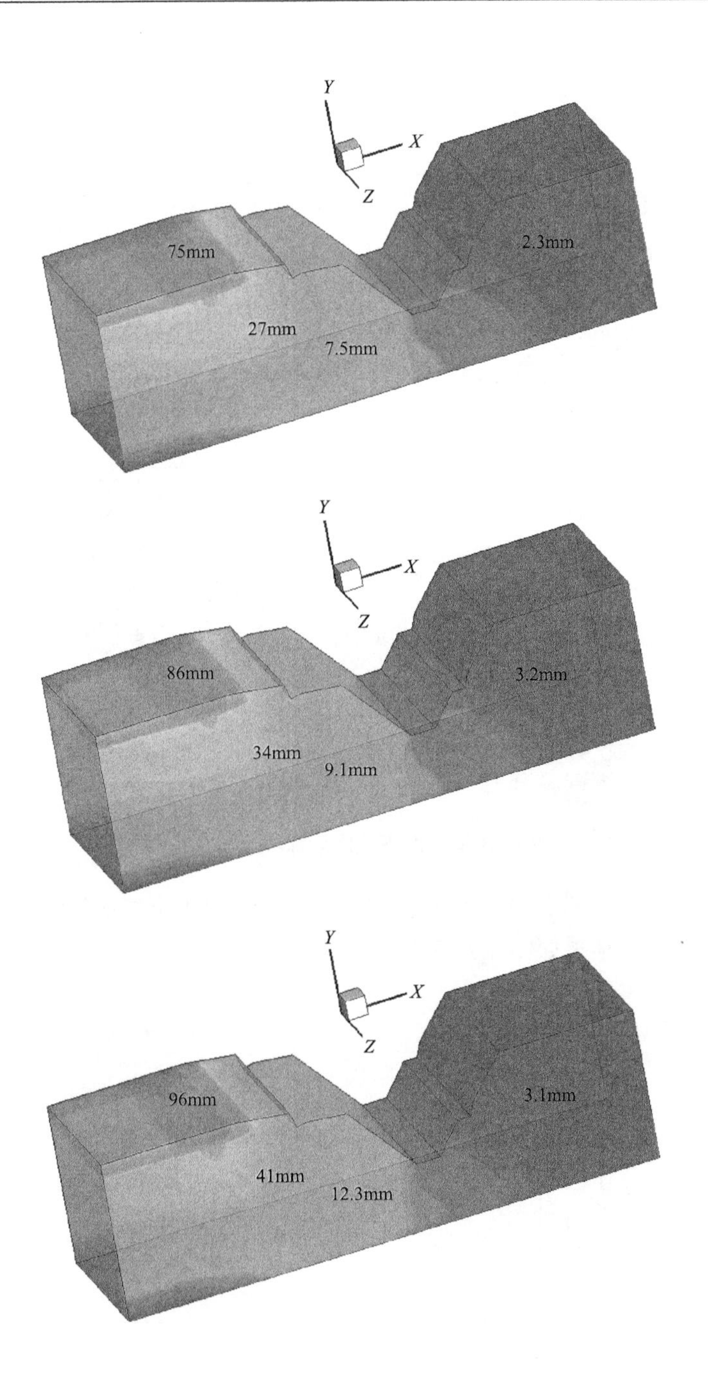
Y
X
Z
75mm
2.3mm
27mm
7.5mm
Y
X
Z
86mm
3.2mm
34mm
9.1mm
Y
X
Z
96mm
3.1mm
41mm
12.3mm

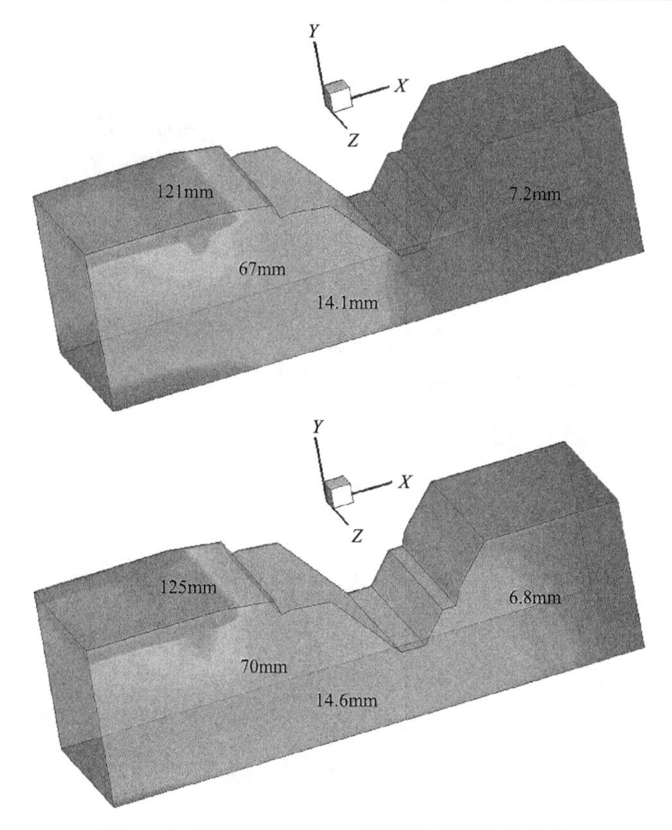

图 3.70　不同工况下 503 勘探线水平位移分布

的关系，仍然采用图 3.66 中监测点 P1、P2、P3、P4 位移变化值进行分析，确定安全系数，结果如图 3.71 和图 3.72 所示。

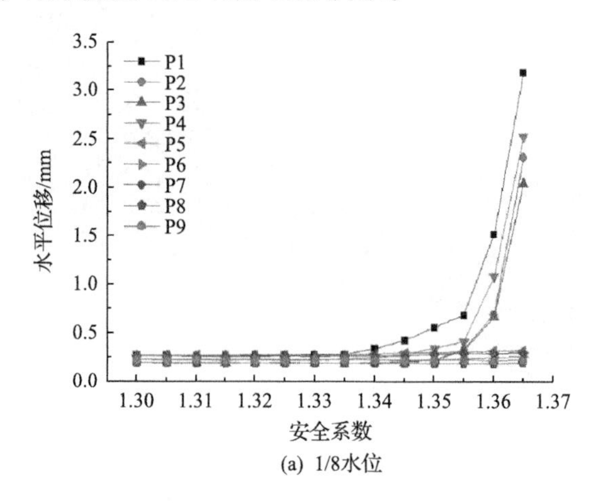

(a) 1/8水位

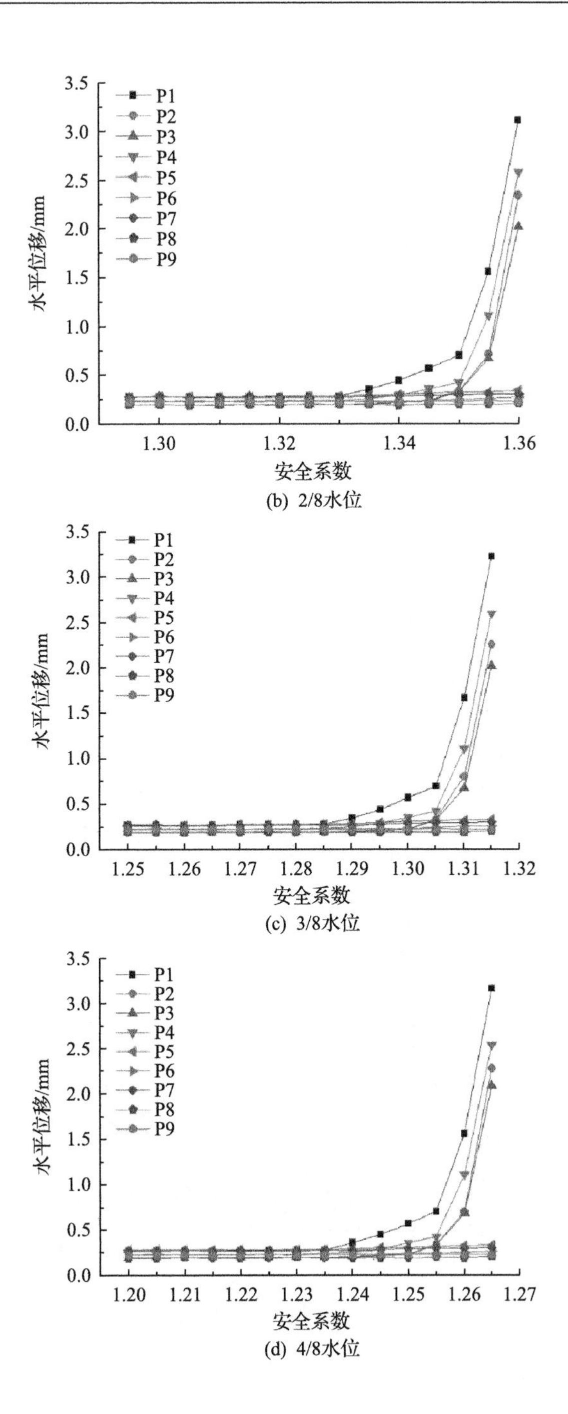

(b) 2/8水位

(c) 3/8水位

(d) 4/8水位

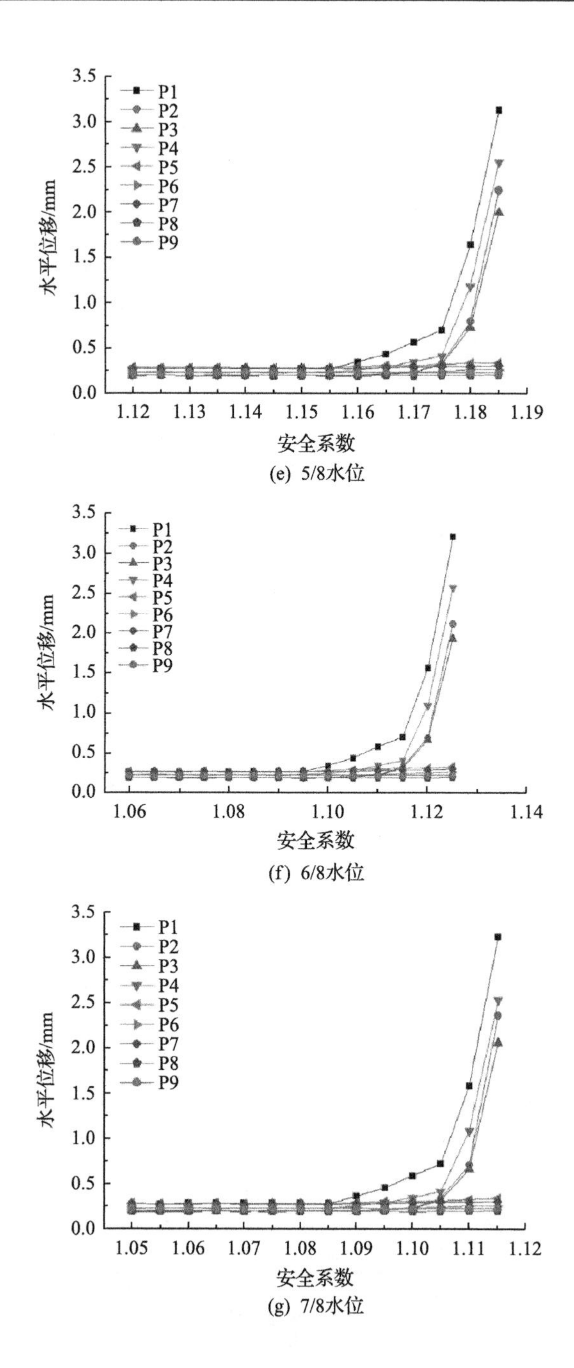

(e) 5/8水位

(f) 6/8水位

(g) 7/8水位

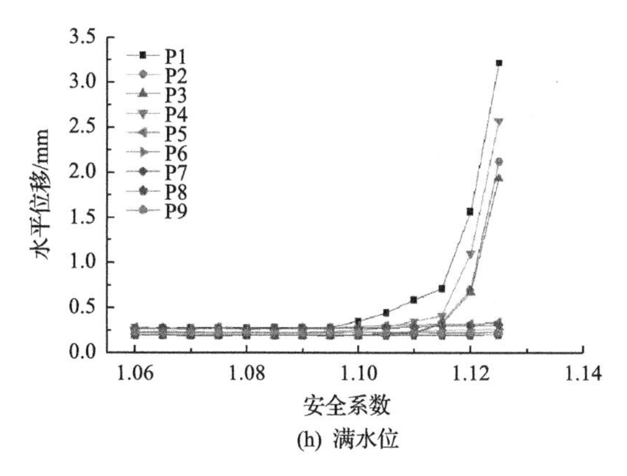

(h) 满水位

图 3.71 位移发展与安全系数变化(503 勘探线北侧边坡)

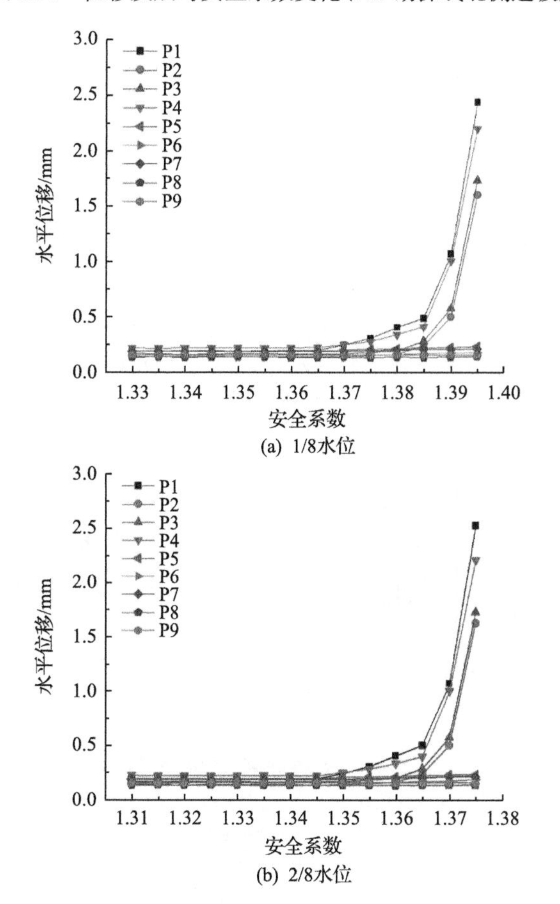

(a) 1/8水位

(b) 2/8水位

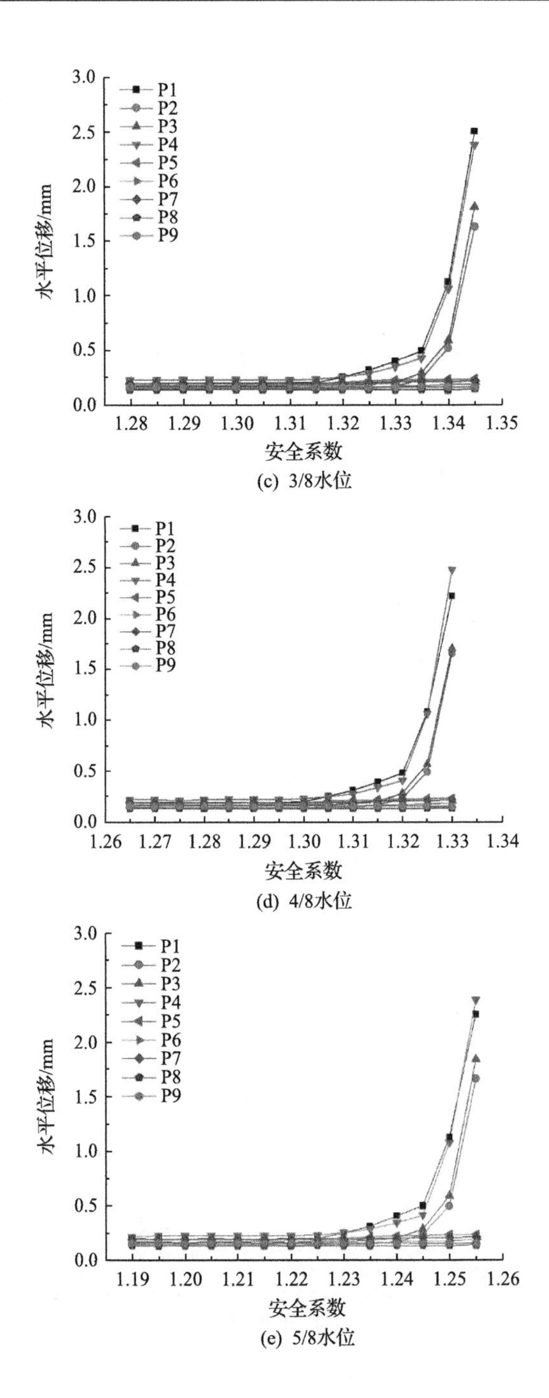

(c) 3/8水位

(d) 4/8水位

(e) 5/8水位

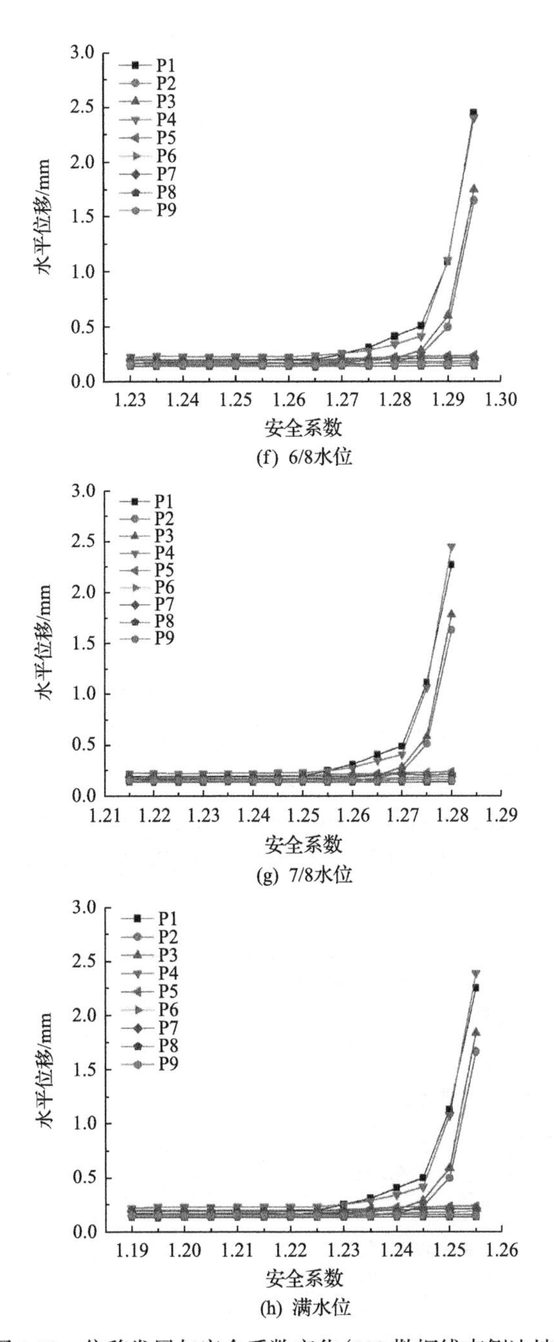

(f) 6/8水位

(g) 7/8水位

(h) 满水位

图 3.72 位移发展与安全系数变化(503 勘探线南侧边坡)

由图可以看出，南侧边坡安全系数受水位影响较小，北侧边坡安全系数受水位上升影响较大，根据图 3.71 和图 3.72 关键点的位移拐点位置，在不同水位作用下边坡的安全系数变化如图 3.73 所示。

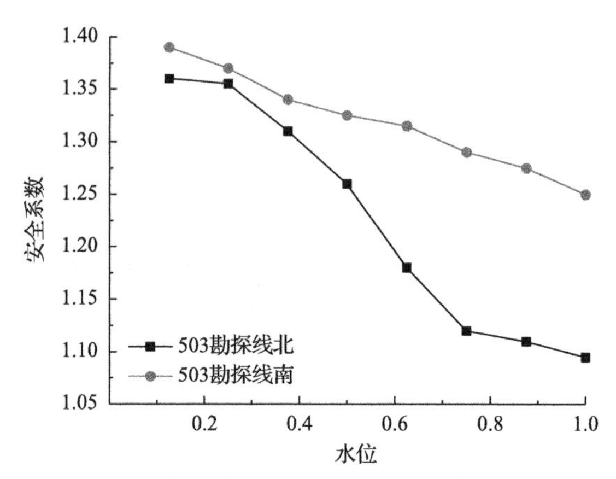

图 3.73　503 勘探线边坡安全系数与水位上升关系图

根据图 3.73 中确定的安全系数，随着水位的上升，关键点的水平位移增加，安全系数降低，但在水位上升的初始阶段，边坡关键点的水平位移和安全系数并没有发生明显变化，水位上升到 6/8 深度后安全系数和最大水平位移变化趋缓，由此分析危险水位点应该是在满水位的 6/8 以上，为分析具体危险水位点，在满水位的 6/8 以上取–70m、–65m、–60m、–55m、–50m、–45m、–40m、–35m 8 种工况进行分析，按照上述分析流程得到安全系数与水位的关系如图 3.74 所示。

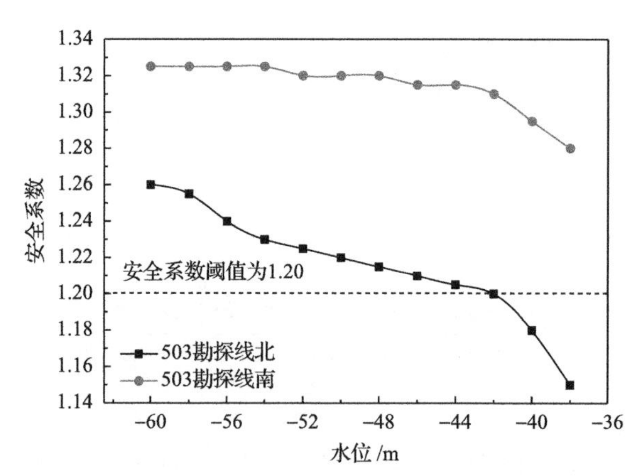

图 3.74　503 勘探线边坡安全系数与水位的变化

根据矿坑边坡安全规范，考虑一定的安全储备，根据图 3.74 数据确定安全系数 1.20 时的危险水位值为–42m，即当水位上升至–42m 时，边坡将出现危险。

2) 水位上升对 487 勘探线边坡稳定性的影响

模型采图 3.12 所示几何模型，岩体参数为水位以下采用五种岩石浸水后极限状态下的参数值，水位以上采用自然状态下的岩石参数值，具体如表 3.16 和表 3.17 所示。

表 3.16 487 勘探线自然状态参数取值

岩性	容重/(kN/m^3)	弹性模量/GPa	泊松比	黏聚力/MPa	内摩擦角/(°)
第四系	19.2	0.190	0.18	0.21	0.04
黄铁绢英岩化混合岩化斜长角闪质碎裂岩	25.2	16.75	0.212	16.99	37.12
黄铁绢英质碎裂岩	23.5	16.66	0.236	9.59	42.98
黄铁绢英岩化花岗质碎裂岩	24.6	10.5	0.282	3.912	50
黄铁绢英岩化花岗岩	25.0	15.24	0.224	13.346	40
花岗岩	26.8	16.39	0.211	15.21	39.10

表 3.17 487 勘探线饱水状态参数取值

岩性	容重/(kN/m^3)	弹性模量/GPa	泊松比	黏聚力/MPa	内摩擦角/(°)
第四系	19.2	0.190	0.18	0.21	0.04
黄铁绢英岩化混合岩化斜长角闪质碎裂岩	25.2	15.2	0.214	16.99	37.12
黄铁绢英质碎裂岩	23.5	12.04	0.234	9.59	42.98
黄铁绢英岩化花岗质碎裂岩	24.6	6.75	0.292	15.21	39.10
黄铁绢英岩化花岗岩	25.0	12.02	0.226	3.13	47.89
花岗岩	26.8	12.33	0.208	12.393	38.31

经过模拟分析后，8 种工况下 487 勘探线水平位移分布如图 3.75 所示。

经过模拟分析后，可得 8 种工况下 487 勘探线边坡安全系数与监测点水平位移关系，根据监测点水平位移曲线明显拐点的位移确定边坡安全系数，总结水位变化与边坡安全系数的关系，结果如图 3.76 所示。

487 勘探线的安全系数与 503 勘探线规律基本一致，南侧受水位影响较小，北侧水位在 2/8～5/8 时安全系数下降最快，满水时下降至 1.085。

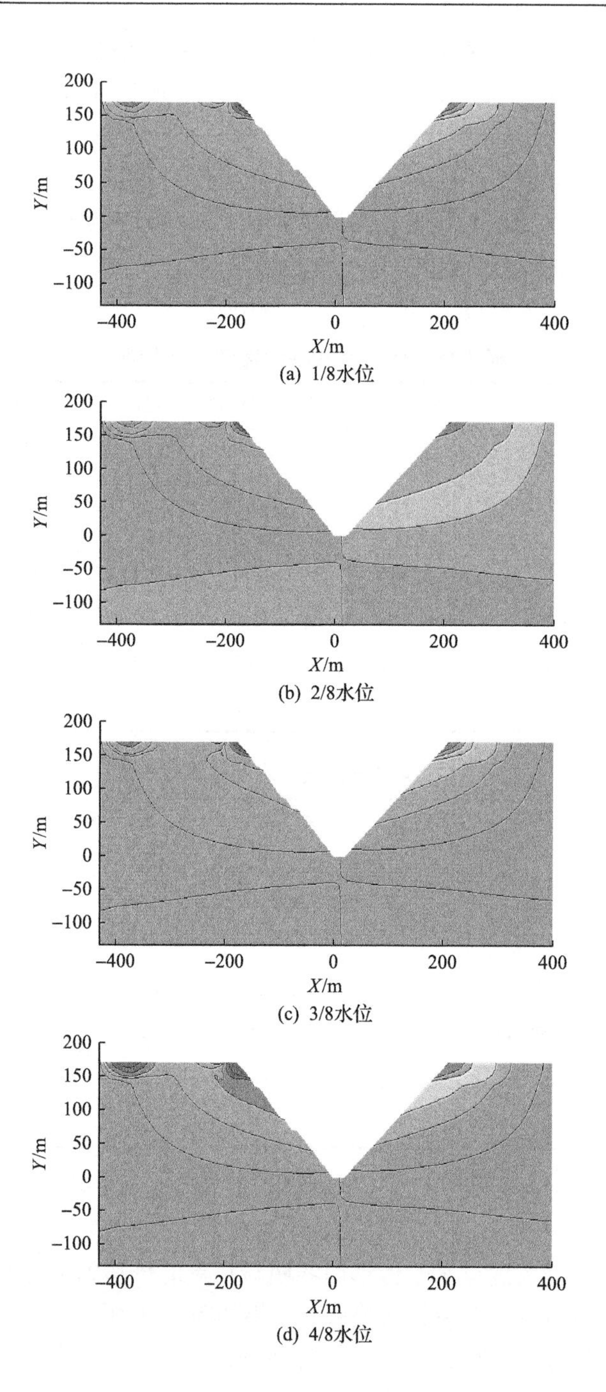

(a) 1/8水位

(b) 2/8水位

(c) 3/8水位

(d) 4/8水位

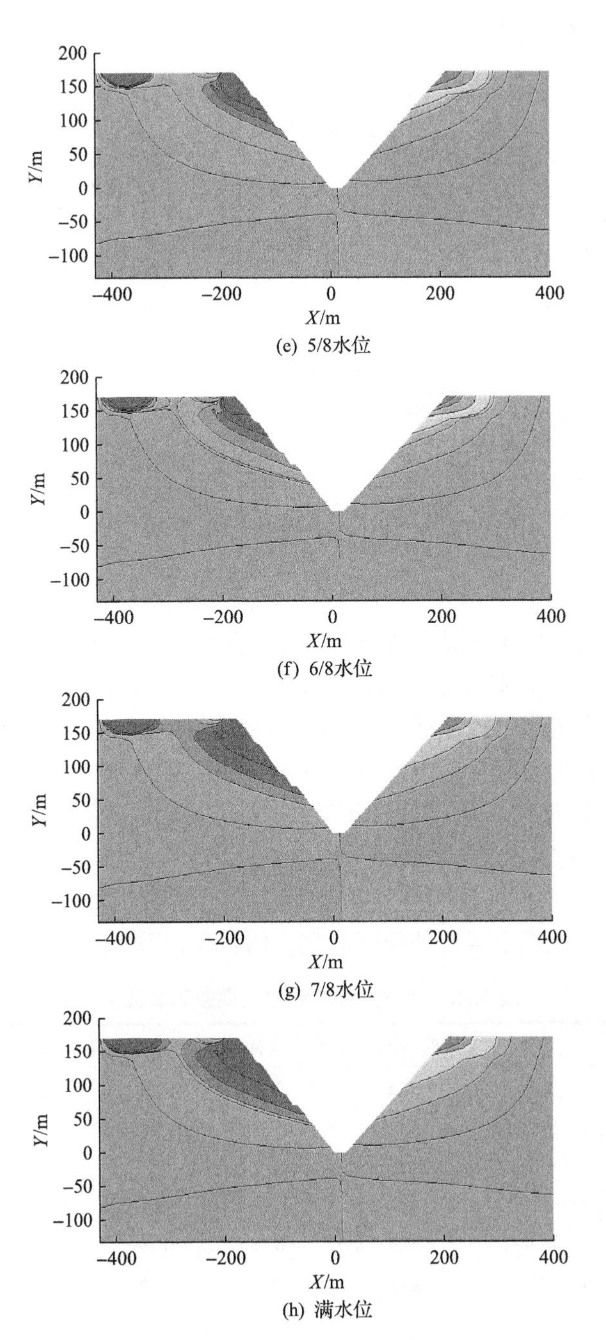

(e) 5/8水位

(f) 6/8水位

(g) 7/8水位

(h) 满水位

图 3.75 不同工况下 487 勘探线水平位移分布

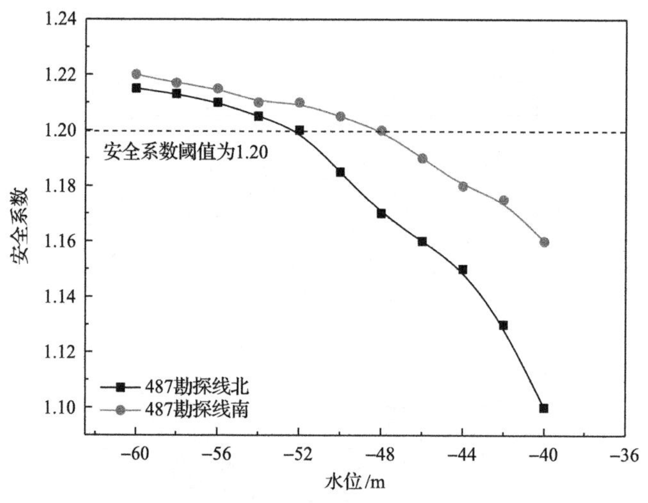

图 3.76 487 勘探线边坡安全系数与水位上升关系图

5. 基于 FLAC3D 的水位升降循环变化对边坡稳定性的影响分析

根据仓上金矿露天坑使用规划，要进行抽水作业，然后再进行尾砂排放，再抽水这样一个无固定规律的循环作业，该过程并不能单独用饱水状态进行分析，需要考虑饱水-失水循环次数对边坡稳定性的影响。在前述研究的基础上采用数值模拟的方法分析饱水-失水循环对 487 勘探线和 503 勘探线边坡变形的影响以及饱水-失水循环对边坡安全系数的影响。

1) 饱水-失水作用下数值模拟参数的确定

根据饱水-失水循环作用对典型岩石的力学指标影响分析，岩石的参数输入基准值为自然状态下岩石的强度参数，如表 3.18 所示。

表 3.18 水位升降循环变化调整后参数值

岩性	容重/(kN/m^3)	弹性模量/GPa	泊松比	黏聚力/MPa	内摩擦角/(°)
第四系	19.2	0.01	0.21	0.04	10.56
黄铁绢英岩化混合岩化斜长角闪质碎裂岩	25.2	10.22	0.21	11.21	25.61
黄铁绢英质碎裂岩	23.5	11.50	0.24	6.71	26.22
黄铁绢英岩化花岗质碎裂岩	24.6	6.51	0.28	2.43	30.00
黄铁绢英岩化花岗岩	25.0	10.36	0.22	8.81	24.00
花岗岩	26.8	11.31	0.21	9.73	26.20

考虑饱水-失水循环作用对岩石力学指标的影响，其参数变化按照表 3.19

所示表达式确定，其中容重、泊松比不予调整，并且考虑到第四系基本在水位线以上，且其厚度太大，也不予调整，花岗岩三种岩石对饱水-失水并不敏感，其参数也不予调整。

表 3.19　参数调整系数

岩性	弹性模量	抗拉强度	黏聚力	内摩擦角
黄铁绢英岩化混合岩化斜长角闪质碎裂岩	$y=-34.42\exp(-n/2.16)+33.42$	$y=-16.42\exp(-n/4.08)+17.43$		
黄铁绢英质碎裂岩	$y=-20.4\exp(-n/1.48)+20.55$	$y=-20.43\exp(-n/1.482)+20.55$		
黄铁绢英岩化花岗质碎裂岩	$y=-58.77\exp(-n/1.08)+58.83$	$y=-40.26\exp(-n/2.4)+42.3$	$y=-40.26\exp(-n/2.4)+42.3$	$y=-58.77\exp(-n/1.08)+58.82$
黄铁绢英岩化花岗岩	$y=-48.92\exp(-n/2.19)+49.99$	$y=-34.28\exp(-n/5.31)+36.47$	$y=-34.23\exp(-n/5.3)+36.48$	$y=-48.9\exp(-n/2.19)+49.98$

根据表 3.18 和表 3.19 所确定的岩石强度基准参数及损伤系数表达式，可模拟分析不同饱水-失水循环次数下的边坡稳定性。

2) 饱水-失水作用下 487 勘探线稳定性分析

先对 487 勘探线进行不同饱水-失水循环作用下的边坡安全系数分析，考虑到现场实际排水-抽水作业安排，考虑以下几种工况：

(1) 水位线在坑底，自坑底至 2/8 坑深为水位升降循环区，分别考虑循环次数为 1、3、5、7 的边坡稳定性；

(2) 水位线在 2/8 坑深处，自 2/8 坑深至 4/8 坑深为水位升降循环区，分别考虑循环次数为 1、3、5、7 的边坡稳定性；

(3) 水位线在 4/8 坑深处，自 4/8 坑深至 6/8 坑深为水位升降循环区，分别考虑循环次数为 1、3、5、7 的边坡稳定性。

上述模拟方案具体如图 3.77 所示。

根据模拟结果在工况 (1)、(2)、(3) 边坡安全系数变化与饱水-失水循环次数的关系如图 3.78 所示。

从图 3.78 可以看出，由于水位的循环变化，对边坡安全系数的影响较大，且其最低变化水位线越高，边坡安全系数变化越明显。而在水位较低的情况下，水位循环变化虽然导致安全系数降低，但是并没有到警戒值，在水位较高的情况下，则导致边坡安全系数达到警戒值，而抽水作业对边坡稳定性的影响将更大，因此在进行排水-抽水循环作业时建议最高水位在 6/8 以下，最好在满水位的 4/8 左右。

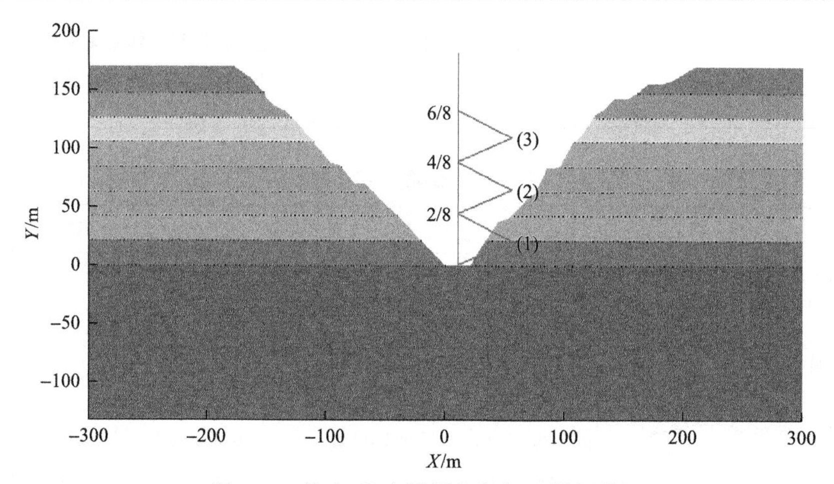

图 3.77　饱水-失水模拟方案(487 勘探线)

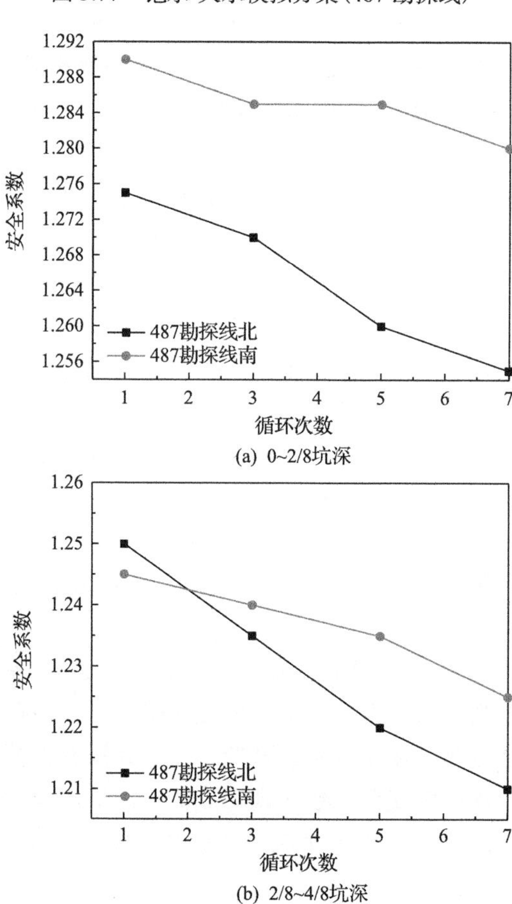

(a) 0~2/8坑深

(b) 2/8~4/8坑深

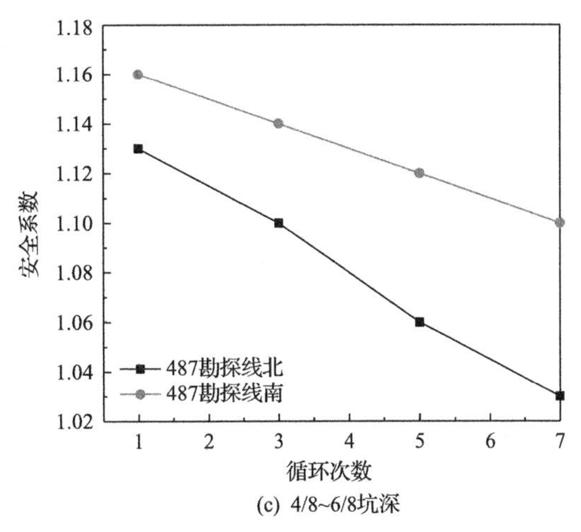

(c) 4/8~6/8坑深

图 3.78 503 勘探线安全系数变化

3)饱水-失水作用下 503 勘探线稳定性分析

503 勘探线模拟饱水-失水循环对边坡稳定性的影响主要考虑三种工况：

(1)水位线在坑底，自坑底至 2/8 坑深为水位升降循环区，分别考虑循环次数为 1、3、5、7 的边坡稳定性；

(2)水位线在 2/8 坑深处，自 2/8 坑深至 4/8 坑深为水位升降循环区，分别考虑循环次数为 1、3、5、7 的边坡稳定性；

(3)水位线在 4/8 坑深处，自 4/8 坑深至 6/8 坑深为水位升降循环区，分别考虑循环次数为 1、3、5、7 的边坡稳定性。

上述模拟方案具体如图 3.79 所示。

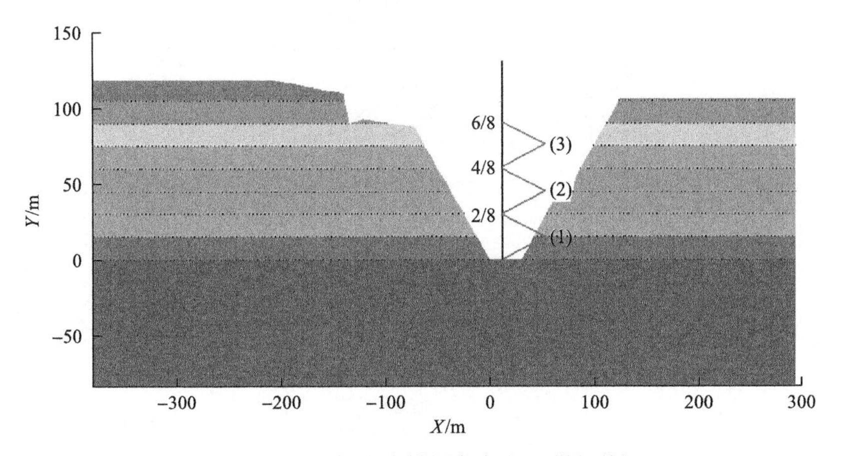

图 3.79 饱水-失水模拟方案(503 勘探线)

根据模拟结果在工况(1)、(2)、(3)487 勘探线边坡安全系数变化与饱水-失水循环次数的关系如图 3.80 所示。

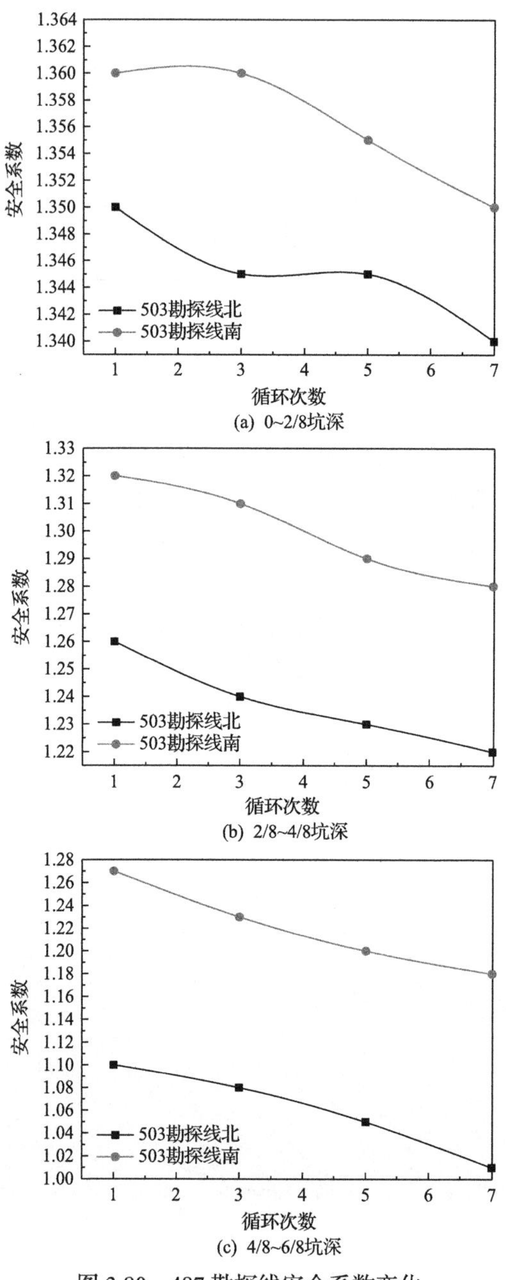

图 3.80　487 勘探线安全系数变化

从图3.80可以看出，由于水位的循环变化，对边坡安全系数的影响比487勘探线小，在水位较低的情况下，水位循环变化虽然导致安全系数降低，但是并没有到警戒值，在水位较高的情况下，则导致边坡安全系数达到警戒值，而仓上金矿露天坑在进行抽水作业时，这种情况对边坡稳定性的影响将更大，因此在进行排水-抽水循环作业时建议最高水位在6/8以下，最好在满水位的4/8左右。

6. 基于FLAC3D的边坡长期稳定性分析

1）边坡岩体流变参数反演分析

因为室内试验试件的尺寸效应问题，室内试验所获得的岩石流变参数并不能直接用于工程分析，但是其流变规律是可以用的，通过建立数值模型，采用参数调整的方法优化流变参数，流变时间无水条件下选用2007～2010年监测数据以及2013年至今的监测数据进行对比，位移点采用地面最大水平位移和沉降位移进行验证，其思路不考虑时间效应的参数反演分析。考虑到除黄铁绢英岩化花岗质碎裂岩和黄铁绢英岩化花岗岩外的其他三种岩石强度较高，不考虑其流变性，仅对黄铁绢英岩化花岗质碎裂岩和黄铁绢英岩化花岗岩的流变参数进行反演分析。

反演分析不考虑水的作用，初始参数输入如表3.20所示。

表3.20　初始流变参数

岩性	G_1/GPa	G_2/GPa	η_1/(GPa·h)	η_2/(GPa·h)
黄铁绢英岩化花岗质碎裂岩	8.21	9.56	38726.35	75.26
黄铁绢英岩化花岗岩	11.28	12.67	33292.98	55.4

根据监测位移大小，首先调整剪切模量G_1、G_2，然后调整η_1、η_2，具体流程如图3.81所示。

最终经优化的参数如表3.21所示。

最终确定流变参数输入值如表3.22所示。

2）无水条件下边坡长期稳定性分析

在仓上金矿露天坑没有作为三山岛金矿尾砂排放池前坑内水较少，后期水位才上升，因此分析503勘探线和487勘探线无水条件下的长期变形特征既是对模型及参数的验证，也是有水状态下其稳定性分析的基础。

根据改进Burgers模型的二次开发，将模型参数n输入“0”，代表不考虑水的影响。

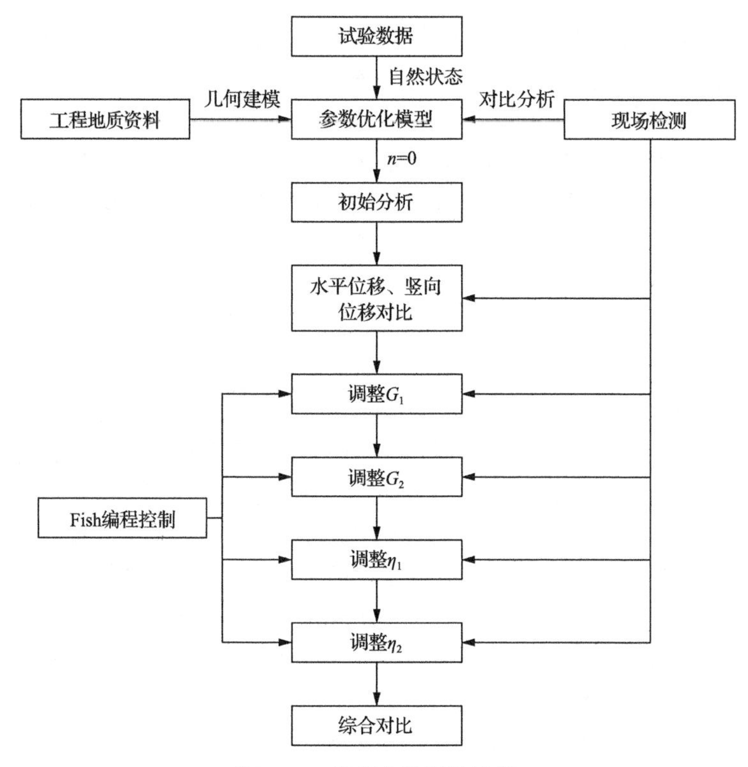

图 3.81　流变参数调整流程

表 3.21　优化流变参数

岩性	G_1/GPa	G_2/GPa	η_1/(GPa · h)	η_2/(GPa · h)
黄铁绢英岩化花岗质碎裂岩	6.51	7.92	40625.31	80.65
黄铁绢英岩化花岗岩	8.62	10.06	39655.02	70.12

表 3.22　两种岩石流变参数最终优化结果

岩性	流变参数计算表达式	损伤变量
黄铁绢英岩化花岗质碎裂岩	$G_1=\{-17.938\exp[-(\sigma_1-\sigma_3)/8.703]+14.827\}D_1$	$D_1=0.613\exp(-n/3.09)-0.613$
	$G_2=\{-358.094\exp[-(\sigma_1-\sigma_3)/188.869]+351.66\}D_2$	$D_2=2.08\exp(-n/4.866)-2.08$
	$\eta_1=\{-180801.197\exp[-(\sigma_1-\sigma_3)/-205.948]+226376.973\}D_3$	$D_3=0.27-0.27\exp(-n/2.869)$
	$\eta_2=\{106.858\exp[-(\sigma_1-\sigma_3)/20.511]+3.975\}D_4$	$D_4=0.314-0.314\exp(-n/3.546)$
黄铁绢英岩化花岗岩	$G_1=\{-19.776\exp[-(\sigma_1-\sigma_3)/11.934]+20.456\}D_1$	$D_1=0.42\exp(-n/2.128)-0.42$
	$G_2=\{-3.886\times10^6\exp[-(\sigma_1-\sigma_3)/-1.585\times10^6]+3.886\times10^6\}D_2$	$D_2=1.75\exp(-n/5.38)-1.75$
	$\eta_1=\{52072.555\exp[-(\sigma_1-\sigma_3)/33.528]-12848.848\}D_3$	$D_3=0.37-0.37\exp(-n/4.145)$
	$\eta_2=\{97.94\exp[-(\sigma_1-\sigma_3)/29.406]-15.135\}D_4$	$D_4=0.33-0.33\exp(-n/3.63)$

(1) 503 勘探线边坡稳定性分析。

根据模拟计算结果，分别取流变时间 1 年、3 年、5 年、10 年的计算结果进行对比分析，其最大主应力变化如图 3.82 所示。

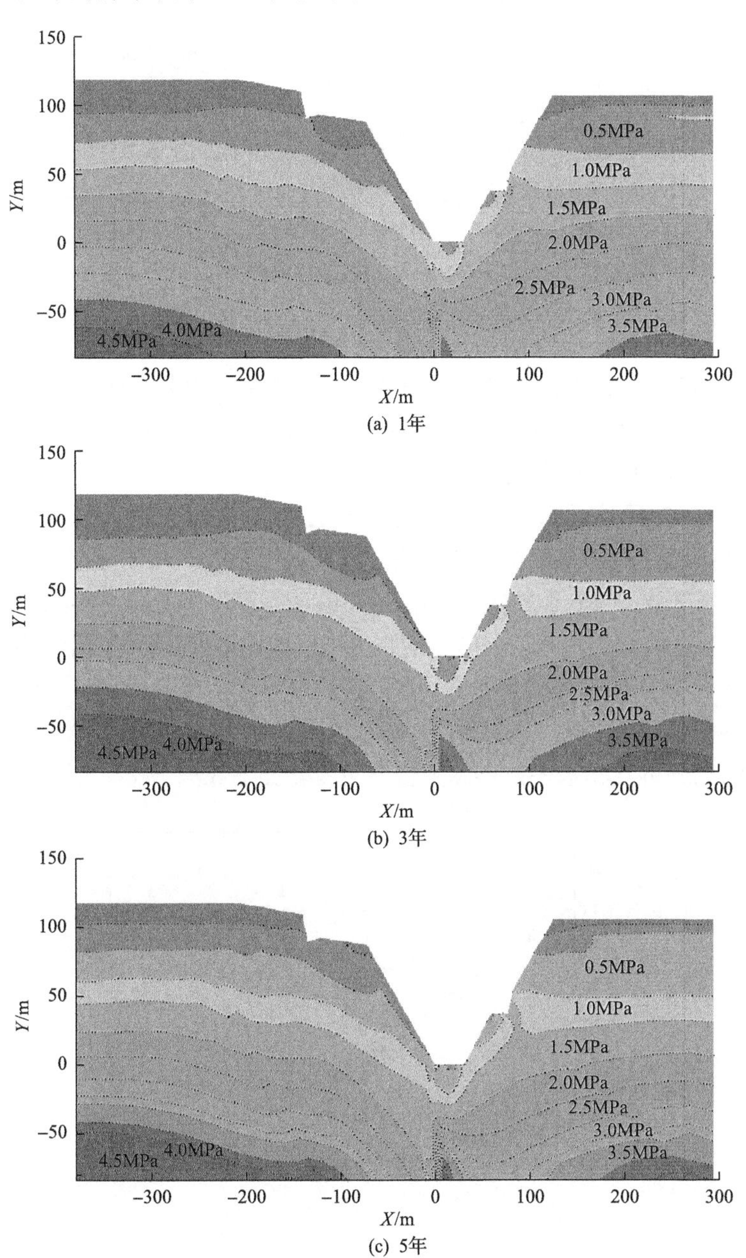

(a) 1年

(b) 3年

(c) 5年

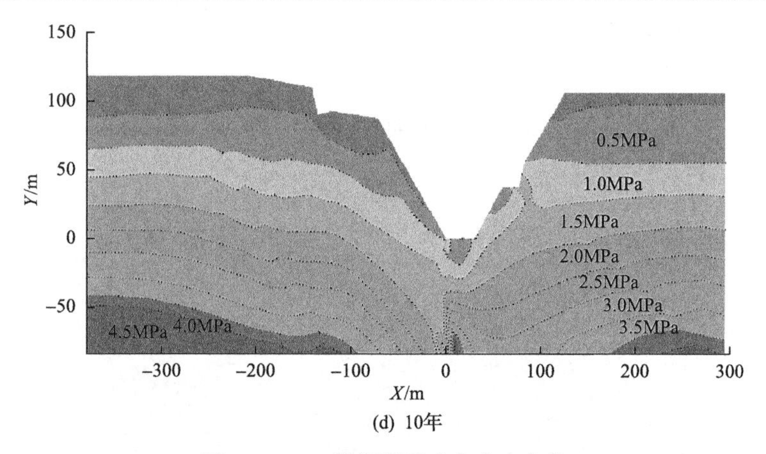

(d) 10年

图 3.82　503 勘探线最大主应力变化

从图 3.82 中分析，随着时间的增加，最大主应力分布变化并不是很大，但是通过 Fish 编程搜寻最大主应力在 3 年、5 年和 10 年分别增加了 6.2%、9.6%和 14.3%，而位移发展如图 3.83 所示。

由图 3.83 可以看出，随着时间的增加，边坡关键点水平位移虽有增加，但增速并不大，根据强度折减法，由于位移的发展，其安全系数有所降低，经过 10 年安全系数已经接近 1.20，由差值计算可得 t=15.2 年时安全系数为 1.20，即在无水条件下，经过 15.2 年的位移发展，503 勘探线开始出现破坏。

(2) 487 勘探线边坡稳定性分析。

根据模拟计算结果，分别取流变时间 1 年、3 年、5 年、10 年的计算结果进行对比分析，其水平位移和安全系数变化如图 3.84 所示。

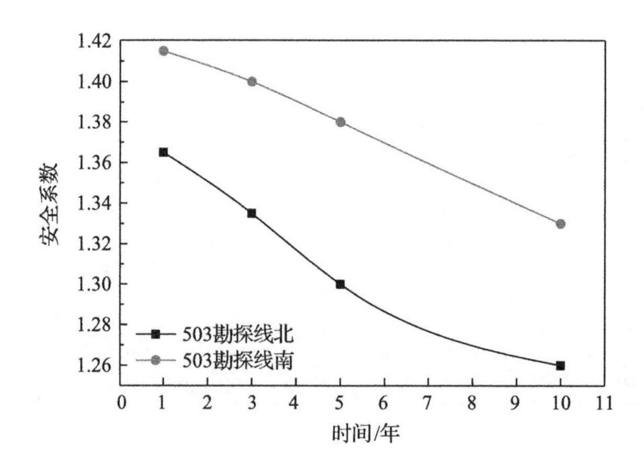

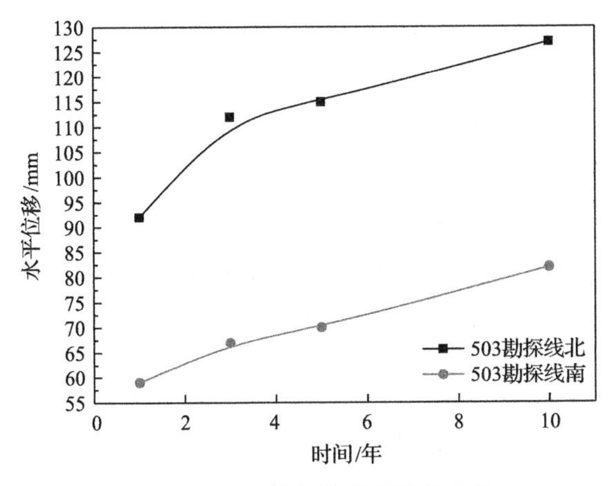

图 3.83 503 勘探线水平位移变化

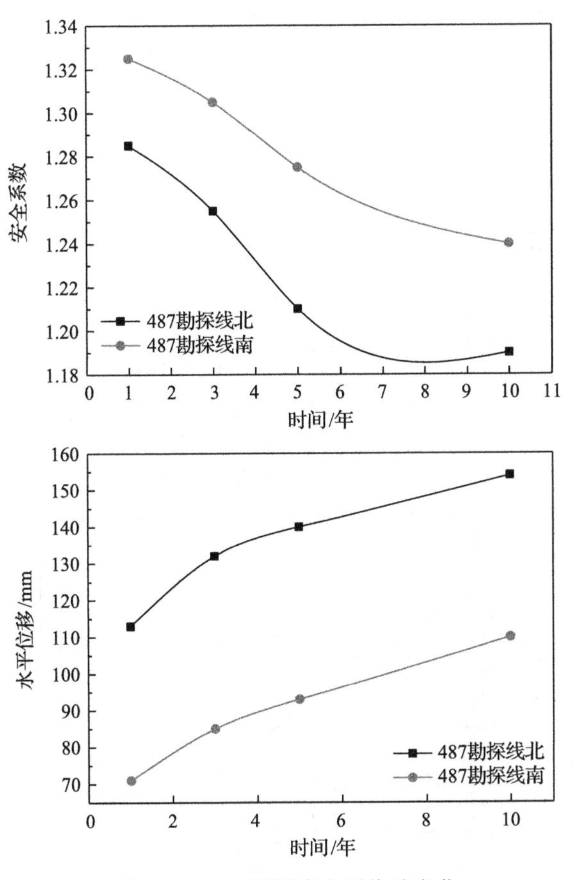

图 3.84 487 勘探线水平位移变化

由图 3.84 看出，随着时间的增加，位移发展要比 503 勘探线快，根据强度折减法，由于位移的发展，其安全系数有所降低，经过 10 年安全系数已经小于 1.20，由差值计算可得 t=7.6 年时安全系数为 1.20，即在无水条件下，经过 7.6 年的位移发展，487 勘探线边坡开始出现破坏。

3) 有水条件下边坡长期稳定性分析

有水状态下，将有水范围内的岩体按照 n=1 进行参数输入，假设水位分别为 1/4 库容、2/4 库容、3/4 库容及满水状态，四种工况下的关键点水平位移及安全系数变化如图 3.85 所示。

由图可以看出，487 勘探线和 503 勘探线随着库容水位的增加，起始安全系数都有所减低，487 勘探线在满水状态时的起始安全系数已经低于 1.20。在其他三种工况下（1/4 库容、2/4 库容、3/4 库容），安全系数达到 1.20 时所用时间分别为 6.2 年、3.7 年、2.1 年。503 勘探线相对 487 勘探线较为安全，在不同库容状态下达到安全极限值的时间分别为 13.6 年（1/4 库容）、12.3 年

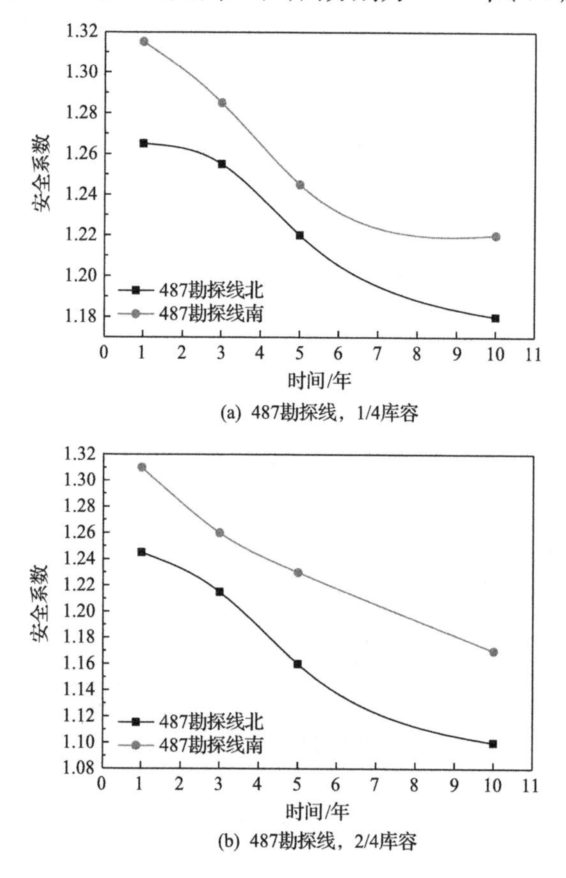

(a) 487勘探线，1/4库容

(b) 487勘探线，2/4库容

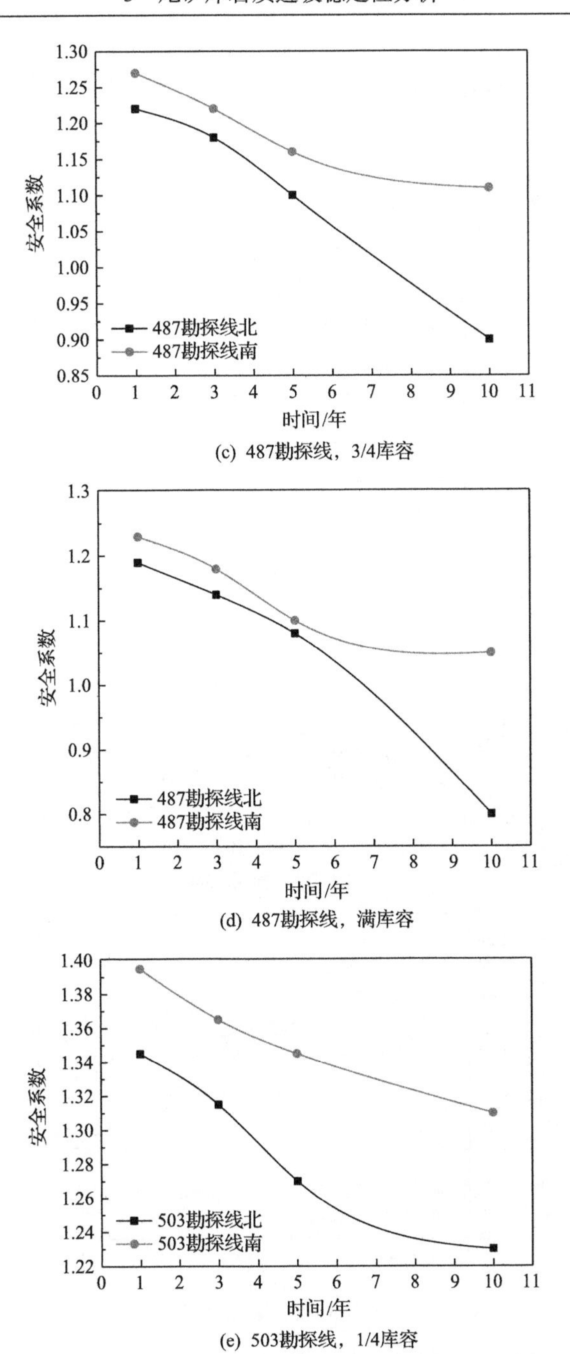

(c) 487勘探线，3/4库容

(d) 487勘探线，满库容

(e) 503勘探线，1/4库容

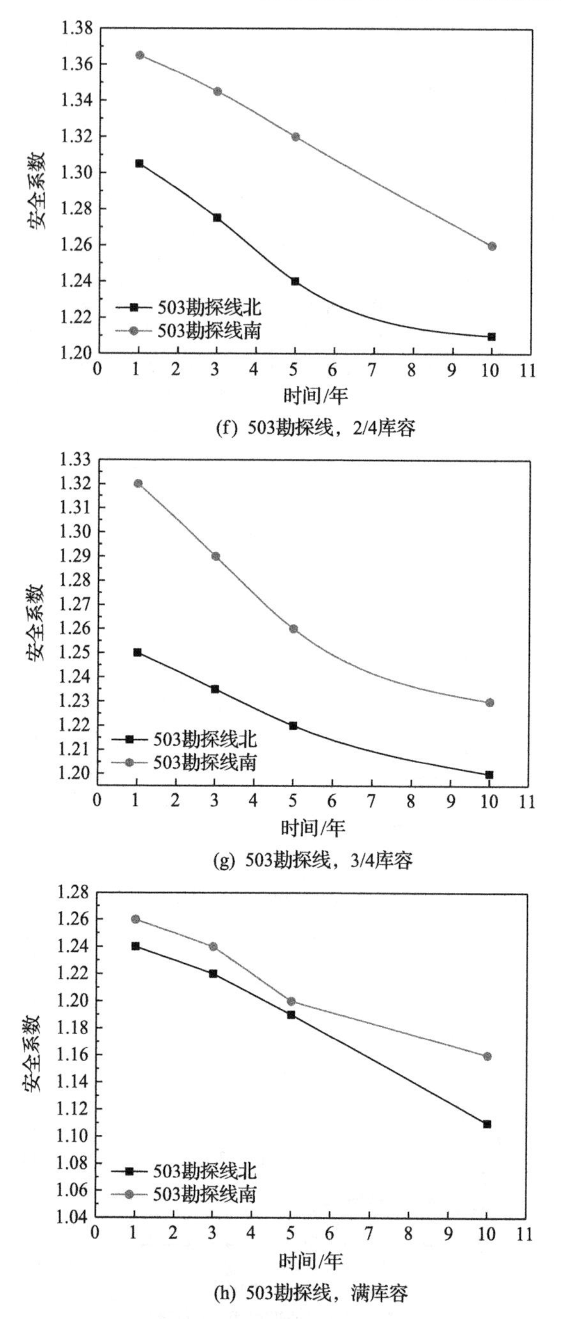

图 3.85　四种工况下的关键点水平位移及安全系数变化

(2/4 库容)、9.1 年(3/4 库容)和 4.5 年(满水)。

7. 基于 ANSYS 的边坡稳定性分析

通过应用数值模拟软件，对比抗滑桩加固前后边坡应变和位移的变化情况，对边坡的稳定性进行了分析，验证抗滑桩的加固作用。

本次分析是在大型有限元软件 ANSYS12.0 上进行的，采用 Drucker-Prager 模拟，为了便于分析，将实际问题简化为平面应变问题。本次分析选取 487 勘探线地质剖面进行数值模拟，计算模型与网格划分如图 3.86 所示，为了减少边界条件的影响，以采坑中心为界限，只考虑北坡，计算深度为–300m，水平方向边坡计算长度为 450m。在模型两侧施加 *X* 方向的约束，在模型的底部施加 *Y* 方向的约束。设置抗滑桩后的网格划分图及模拟分析图如图 3.87 所示。

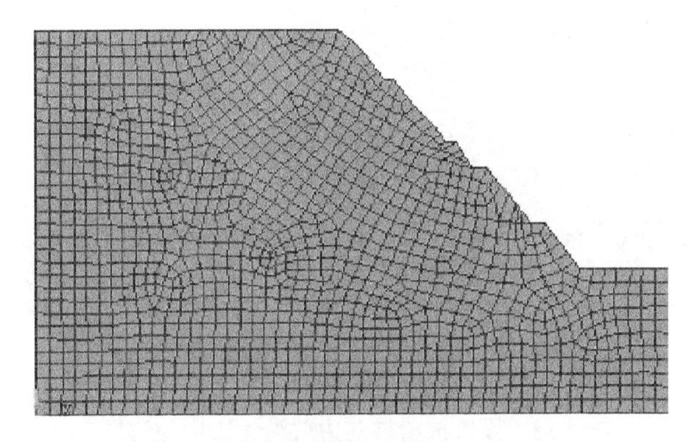

图 3.86 设置抗滑桩前计算模型网格划分图

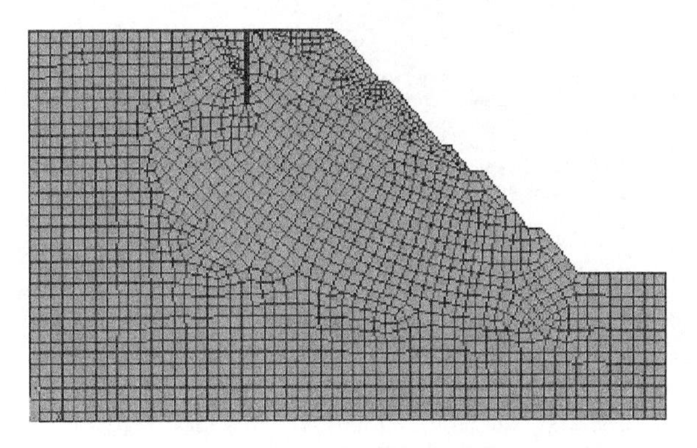

图 3.87 设置抗滑桩后计算模型网格划分图

如图 3.88 所示，边坡沿 X 方向位移呈现 7 个位移等值区，最大位移等值区位于边坡下缘，并深入黄铁绢英岩化花岗质碎裂岩层。7 个位移等值区自坡底至坡顶逐级减小，分别为 0.0317～0.0357m、0.0277～0.0317m、0.0236～0.0277m、0.0196～0.0236m、0.0156～0.0196m、0.0116～0.0156m 和 0.0076～0.0116m。由图 3.89 可见，设置抗滑桩后，边坡沿 X 方向最大位移仅为 0.0097m。最大位移等值区仅出现在黄铁绢英质碎裂岩，另外 6 个位移等值区在最大位移等值区周围逐级扩散，7 个位移等值区的位移分别为 0.0071～0.0084m、0.0058～0.0071m、0.0044～0.0058m、0.0031～0.0044m、0.0018～0.0031m、0.00051～0.0018m 和 0.00008～0.00051m。对比分析可知，抗滑桩对边坡沿 X 方向位移的影响是显著的。

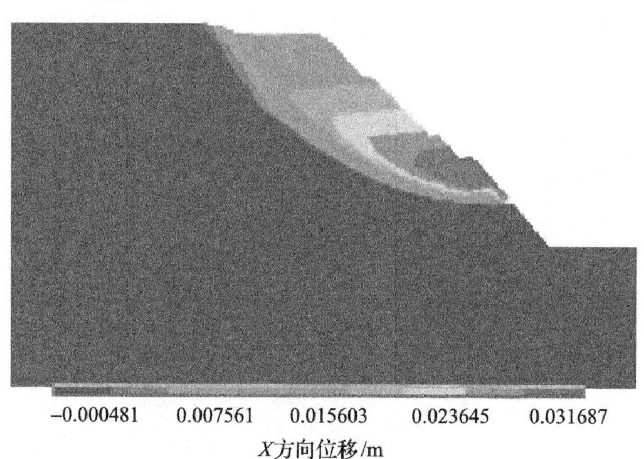

图 3.88　设置抗滑桩前边坡沿 X 方向位移图

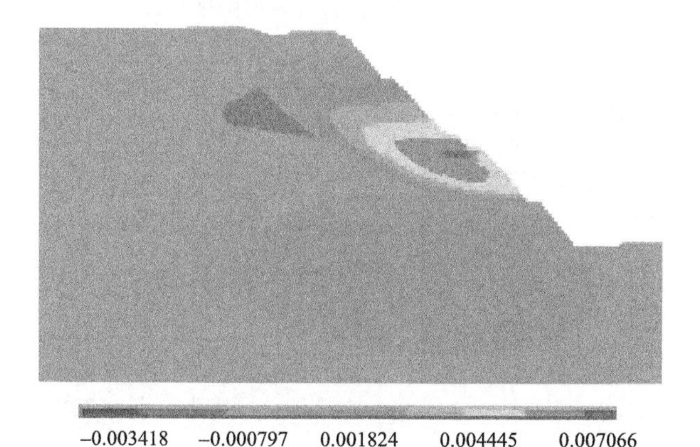

图 3.89　设置抗滑桩后边坡沿 X 方向位移图

对比分析图 3.90 和图 3.91 可知，加固前后边坡沿 Y 方向的位移等值区分区大体一致。由于抗滑桩的加固作用，其位移值与加固前位移值相比明显降低，由加固前的 0.007～0.062m 降低到 0.004～0.037m。最大竖向位移区域均集中在坡顶处，加固后发生滑动的区域比加固前减小，减小的区域主要位于黄铁绢英岩化花岗岩。

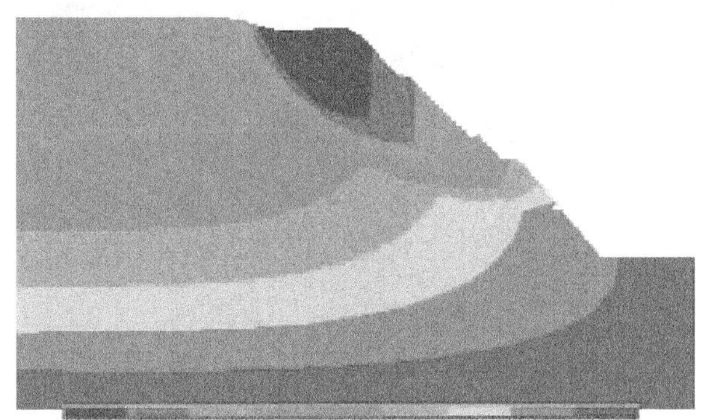

图 3.90　设置抗滑桩前边坡沿 Y 方向位移图

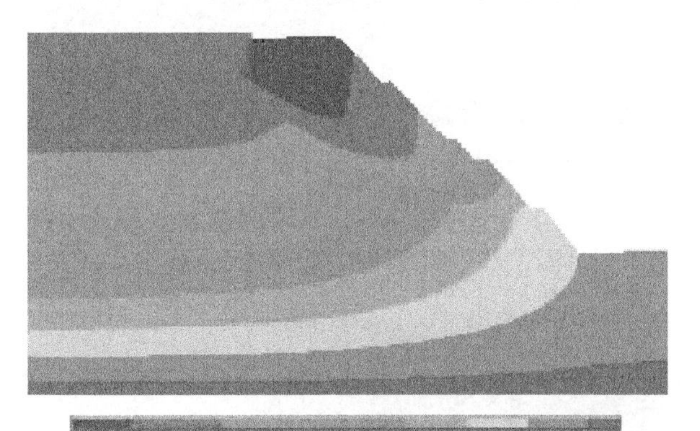

图 3.91　设置抗滑桩后边坡沿 Y 方向位移图

对比分析图 3.92～图 3.97 可知，设置抗滑桩前坡体内部出现完整的潜在滑动面，滑动面以上滑体位移较大，呈整体移动趋势；设置抗滑桩后，滑动面与设置抗滑桩前大体相同，但滑动面前缘贯通部分被抗滑桩截断。发生滑动的区域由未设置抗滑桩前的 40%减小到 30%，主要集中在桩后坡体。滑动区域的整体位移值比设置抗滑桩前明显减小，位移最大值为 0.064m，主要区域的位移

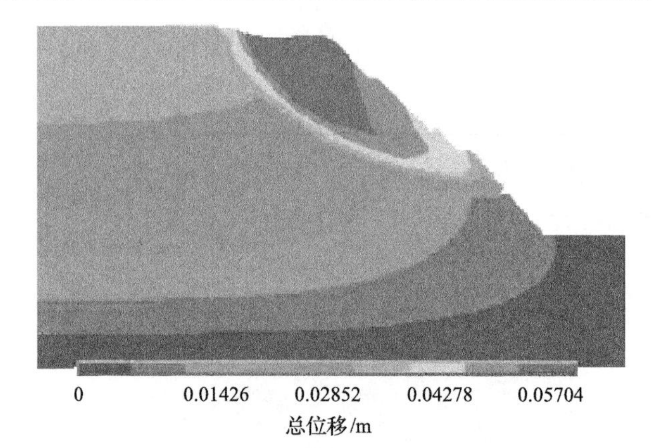

图 3.92 设置抗滑桩前边坡总位移图

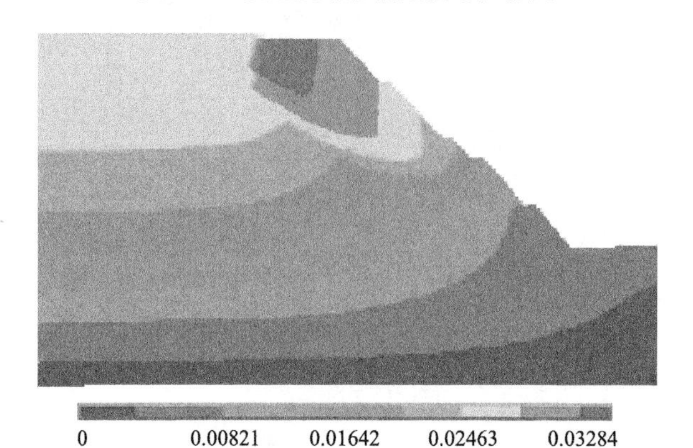

图 3.93 设置抗滑桩后边坡总位移图

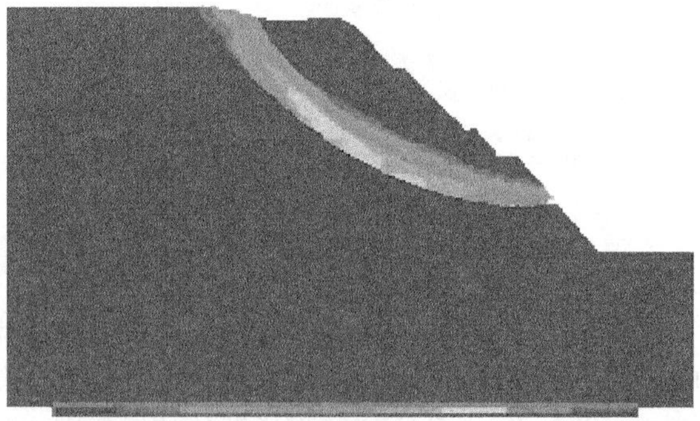

图 3.94 设置抗滑桩前边坡 X 轴塑性应变分量图

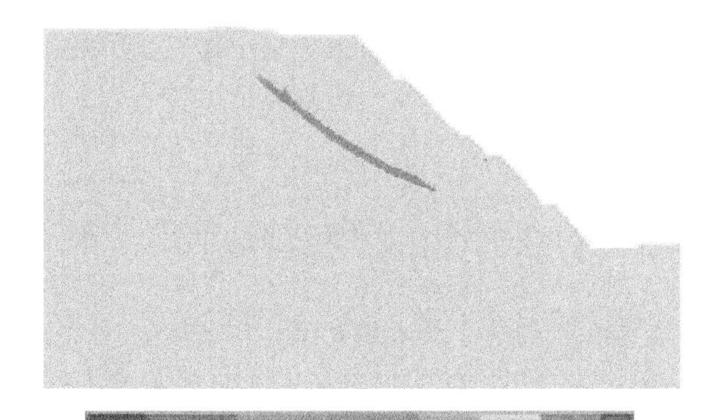

图 3.95 设置抗滑桩后边坡 X 轴塑性应变分量图

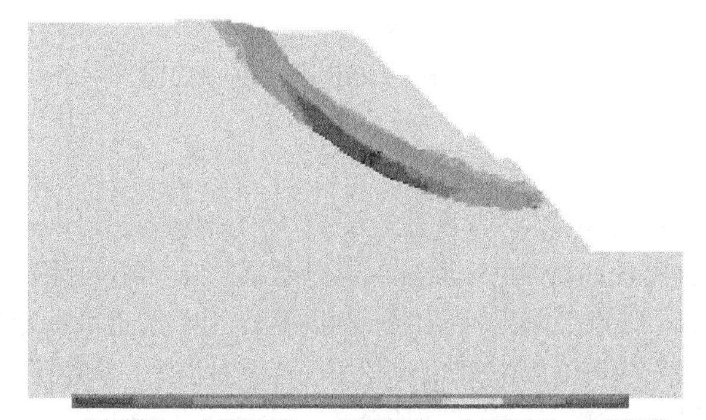

图 3.96 设置抗滑桩前边坡 Y 轴塑性应变分量图

图 3.97 设置抗滑桩后边坡 Y 轴塑性应变分量图

均值减小到 0.02m。边坡发生最大位移区域集中在边坡后缘坡顶处，通过分析边坡的位移等值线可以看出，设置抗滑桩后从边坡后缘至前缘的位移逐渐减小，说明抗滑桩阻止了滑体的整体滑动，起到了良好的加固坡体的效果。

3.5 相关规范要求

《建筑边坡工程技术规范》由中华人民共和国住房和城乡建设部发布，最新版本为 GB 50330—2013，自 2014 年 6 月 1 日起实施[102]。规范主要依据现行相关标准，总结近年来我国建筑建设、使用和维护的实践经验和研究成果，参照发达国家通行做法制定的以功能和性能要求为基础的标准。在编制过程中，广泛地征求了有关方面的意见，对主要问题进行了专题论证，对具体内容进行了反复讨论、协调和修改，并经审查定稿。本小节主要介绍边坡稳定性在《建筑边坡工程技术规范》(GB 50330—2013)中的一些相关要求。

3.5.1 一般规定

(1)施工期出现新的不利因素的边坡，指在建筑和边坡加固措施尚未完成的施工阶段可能出现显著变形、破坏及其他显著影响边坡稳定性因素的边坡。对于这些边坡，应对施工期出现新的不利因素作用下的边坡稳定性做出评价。

运行期条件发生变化的边坡，指在边坡运行期由于新建工程等而改变坡形(如加高、开挖坡脚等)、水文地质条件、荷载及安全等级的边坡。

(2)定性分析和定量分析相结合的方法，指在边坡稳定性评价中，应以边坡地质结构、变形破坏模式、变形破坏与稳定性状态的地质判断为基础，根据边坡地质结构和破坏类型选取恰当的方法进行定量计算分析，并综合考虑定性判断和定量分析结果做出边坡稳定性评价。

(3)边坡稳定性分析之前，应根据岩土工程地质条件对边坡的可能破坏方式及相应破坏方向、破坏范围、影响范围等作出判断。判断边坡的可能破坏方式时应同时考虑到受岩土体强度控制的破坏和受结构面控制的破坏。

(4)边坡抗滑移稳定性计算可采用刚体极限平衡法。对结构复杂的岩质边坡，可结合采用极射赤平投影法和实体比例投影法；当边坡破坏机制复杂时，可采用数值极限分析法。

(5)计算沿结构面滑动的稳定性时，应根据结构面形态采用平面或折线形滑面。计算土质边坡、极软岩边坡、破碎或极破碎岩质边坡的稳定性时，可采用圆弧形滑面。

(6)采用刚体极限平衡法计算边坡抗滑稳定性时，可根据滑面形态按《建筑边坡工程技术规范》(GB 50330—2013)附录A选择具体计算方法。

(7)边坡稳定性计算时，对基本烈度为7度及7度以上地区的永久性边坡应进行地震工况下边坡稳定性校核。

(8)滑塌区内无重要建(构)筑物的边坡采用刚体极限平衡法和静力数值计算法计算稳定性时，滑体、条块或单元的地震作用可简化为一个作用于滑体、条块或单元重心处、指向坡外(滑动方向)的水平静力，其值应按下列公式计算：

$$Q_{\mathrm{e}}=\alpha_{\mathrm{w}}G \tag{3.34}$$

$$Q_{\mathrm{e}i}=\alpha_{\mathrm{w}}G_i \tag{3.35}$$

式中，Q_{e}、$Q_{\mathrm{e}i}$为滑体、第i计算条块或单元单位宽度地震力，kN/m；G、G_i为滑体、第i计算条块或单元单位宽度自重[含坡顶建(构)筑物作用]；α_{w}为边坡综合水平地震系数，由所在地区地震基本烈度按表3.23确定。

表3.23　水平地震系数

系数	地震基本烈度				
	7度		8度		9度
地震峰值加速度	0.10g	0.15g	0.20g	0.30g	0.40g
综合水平地震系数α_{w}	0.025	0.038	0.050	0.075	0.100

(9)当边坡可能存在多个滑动面时，对各个可能的滑动面均应进行稳定性计算。

3.5.2　边坡稳定性分析相关要求

(1)根据边坡工程地质条件、可能的破坏模式以及已经出现的变形破坏迹象对边坡的稳定性状态做出定性判断，并对其稳定性趋势做出估计，是边坡稳定性分析的基础。

稳定性分析包括滑动失稳和倾倒失稳。滑动失稳可以用极限分析方法进行判定；倾倒失稳尚不能用传统极限分析方法判定，可采用数值极限分析方法。

受岩土体强度控制的破坏，指地质结构面不能构成破坏滑动面，边坡破坏主要受边坡应力场和岩土体强度相对关系控制。

(2) 对边坡规模较小、结构面组合关系较复杂的块体滑动破坏，采用赤平极射投影法及实体比例投影法较为方便。

对破坏机制复杂的边坡，难以采用传统的方法计算，目前国外和国内水利水电部门已广泛采用数值极限分析方法进行计算。数值极限分析方法与传统极限分析方法求解原理相同，只是求解方法不同，两种方法得到的计算结果是一致的，对复杂边坡传统极限分析方法无法求解，需要作许多人为假设，影响计算精度，而数值极限分析方法适用性广，不另作假设就可直接求得。

(3) 对于均质土体边坡，一般宜采用圆弧滑动面条分法进行边坡稳定性计算。岩质边坡在发育 3 组以上结构面，且不存在优势外倾结构面组的条件下，可以认为岩体为各向同性介质，在斜坡规模相对较大时，其破坏通常按近似圆弧滑面发生，宜采用圆弧滑动面条分法计算。

通过边坡地质结构分析，存在平面滑动可能性的边坡，可采用平面滑动稳定性计算方法计算。对建筑边坡来说，坡体后缘存在竖向贯通裂缝的情况较少，是否考虑裂隙水压力应视具体情况确定。

对于规模较大，地质结构较复杂，或者可能沿基岩与覆盖层界面滑动的情形，宜采用折线滑动面计算方法进行边坡稳定性计算。

(4) 对于圆弧形滑动面，建议采用简化毕肖普法进行计算，通过多种方法的比较，证明该方法有很高的准确性，已得到国内外的公认。以往广泛应用的瑞典法，虽然求解简单，但计算误差较大，过于安全而造成浪费，所以瑞典法不再列入《建筑边坡工程技术规范》(GB 50330—2013) 要求。

对于折线形滑动面，建议采用传递系数隐式解法。传递系数法有隐式解与显式解两种形式。显式解的出现是由于当时计算机不普及，对传递系数作了一个简化的假设，将传递系数中的安全系数值假设为 1，从而使计算简化，但增加了计算误差。同时对安全系数作了新的定义，在这一定义中当荷载增大时只考虑下滑力的增大，不考虑抗滑力的提高，这也不符合力学规律。因而隐式解优于显式解，当前计算机已经很普及，应当回归到原来的传递系数法。

无论隐式解与显式解法，传递系数法都存在一个缺陷，即对折线形滑面有严格的要求，如果两滑面间的夹角（即转折点处的两倾角的差值）过大，就会出现不可忽视的误差。因而当转折点处的两倾角的差值超过 10°时，需要对滑面进行处理，以消除尖角效应。一般可采用对突变的倾角作圆弧连接，然后在弧上插点，来减少倾角的变化值，使其小于 10°，处理后，误差可以达到工程要求。

对于折线形滑动面，国际上通常采用摩根斯坦-普赖斯法进行计算。摩根斯坦-普赖斯法是一种严格的条分法，计算精度很高，也是国外和国内水利水电部门等推荐采用的方法。由于国内许多工程界习惯采用传递系数法，通过比较，尽管传递系数法是一种非严格的条分法，如果采用隐式解法且两滑面间的夹角不大，该法也有很高的精度，而且计算简单，国内广为应用，我国工程师比较熟悉，所以建议采用传递系数隐式解法。在实际工程中，也可采用国际上通用的摩根斯坦-普赖斯法进行计算。

(5) 表 3.23 中的水平地震系数的取值是采用新的现行国家标准《建筑抗震鉴定标准》(GB 50023—2009) 中的值换算得到的。

(6) 除校核工况外，边坡稳定性状态分为稳定、基本稳定、欠稳定和不稳定四种状态，可根据边坡稳定性系数按表 3.24 确定。

表 3.24 边坡稳定性状态划分

划分标准	边坡稳定性系数			
	$F_s<1.00$	$1.00\leqslant F_s<1.05$	$1.05\leqslant F_s<F_{st}$	$F_s\geqslant F_{st}$
边坡稳定性状态	不稳定	欠稳定	基本稳定	稳定

注：F_{st} 为边坡稳定安全系数。

(7) 边坡稳定安全系数 F_{st} 应按表 3.25 确定，当边坡稳定性系数小于边坡稳定安全系数时应对边坡进行处理。

表 3.25 边坡稳定安全系数

安全等级		一级	二级	三级
永久边坡	一般工况	1.35	1.30	1.25
	地震工况	1.15	1.10	1.05
临时边坡		1.25	1.20	1.15

(8) 为了边坡维修工作的方便，提出了边坡稳定状态分类的评价标准。由于建筑边坡规模较小，一般工况中采用的安全系数又较高，所以不再考虑土体的雨季饱和工况。对于受雨水或地下水影响大的边坡工程，可结合当地做法，按饱和工况计算，即按饱和重度与饱和状态时的抗剪强度参数。

规范中边坡安全系数是按通常情况确定的，特殊情况（如坡顶存在安全等级为一级的建构筑物，存在油库等破坏后有严重后果的建筑边坡）下安全系数可适当提高。

4　露天坑尾矿库高陡岩质边坡监测系统

边坡监测系统的建立有利于保障矿山的正常生产、判别边坡的稳定性情况及边坡整治效果、为边坡设计提供科学依据。一般监测系统基本功能往往包括数据采集、信息储存及传输、数据处理、安全预警。现有的监测系统多种多样，监测方法也不可胜举，但它们的理论基础、工作环境和最终目的却是大致相同的。

4.1　边坡监测内容与原则

4.1.1　主要监测内容

随着我国经济与科学技术的快速发展，露天矿开采在矿产资源开采中的应用越来越广泛，矿井开采深度也越来越深。近年来，由于露天采矿不断向着大型化发展，露天矿井开挖完成后，采矿区的边界便形成众多高陡边坡。做好边坡的监测，能够提前预知和有效控制坡体发生垮塌、滑坡等事故，及时采取相应措施，从而降低施工过程的风险。综合立体监测采用仪器监测与宏观地质巡查监测相结合，主要监测内容为地表位移监测、地表裂缝监测、深部位移监测、水位监测及宏观地质巡查[103]，如表 4.1 所示。

表 4.1　主要监测方法与内容表

监测方法	监测手段	监测内容和解译结果	优点
地表位移监测	GPS	在稳定地段建立基准点，在监测边坡体上设置观测点，运用 GPS 定期测量测点和基准点之间的位移变化量。数据处理后解译为滑坡体地表位移量、位移方向、变形速率曲线图	受地形和气象条件影响小，数据可靠，技术成熟，可对地表变形区整体稳定性进行分析
地表裂缝监测	钢卷尺	监测内容主要是裂缝的扩展情况，如果裂缝发展速度突然跳跃式的变化，或者纵向裂缝突然被拉长等，预示边坡即将失稳破坏	操作简单、易于实现
深部位移监测	钻孔测斜仪	通过观测深部岩体位移，准确掌握坡体滑动面的位置、边坡测点位移速率、边坡体位移随深度的变化情况等。监测数据处理后的历时曲线，解译为崩滑体内各岩土层相对位移的空间分布和变形规律	分析崩滑体的规模、变形速率、判断滑带等，为边坡的稳定性评价以及预测预报等工程提供直接、可靠依据

续表

监测方法	监测手段	监测内容和解译结果	优点
水位监测	水位监测仪	监测内容为水位值的变化,数据处理后解译为水位变化量、变形速率曲线图	诱发滑坡灾害的重要因素,预警的直接指标
宏观地质巡查	调查和巡访	沉降、隆起、建筑物变形及其他异常现象,提交崩滑体巡查路线及变形情况报告	可以直观的了解边坡的变形情况

专业监测人员以定期监测和雨季加密监测相结合的方式实施监测，监测周期视滑坡在一个阶段的稳定性表现而定，在非雨季为每月监测一次，根据监测资料反映，在暴雨期间或滑坡变形有连续增大的趋势则及时加密监测。提交的监测资料必须连续、准确、真实。为了保证监测数据的准确性和可比性，每月监测日期不能超过规定时间前后 7 天。

4.1.2 主要监测仪器与工作原理

滑坡地表位移监测对观测定位精度较高，目前都是基于 GPS 静态相对定位的原理，以高精度测量控制网为基础，通过计算滑坡监测点和相对稳定(无变形)的基准点的相对位置关系来监测滑坡变形和位移。而水位监测以地面已知高程控制点为基点通过 GPS 对水面高程进行测量。通过前后监测结果的比较来反映变形情况[104]。

运用 GPS 地表位移监测信息可绘制滑坡体的位移曲线图以及变形速率曲线图等，反映变形总体趋势，为滑坡监测预警提供科学依据。

钻孔倾斜仪监测是一种常用的观测滑坡深部位移的方法。钻孔倾斜仪的测量原理是：滑坡滑动时，滑坡体钻孔内的测斜管在变形部位发生弯曲而产生一定的倾斜，以探头的导轮间距长测定全孔每段测斜管的斜率(倾角)变化，利用三角函数公式即可得出每段的水平变化量[105]。由于测斜管(图 4.1)和滑体是结合在一起的整体，从而也就获得了滑坡变形的深度位置和该位置的水平位移量、位移速率和方向，其观测原理如图 4.2 所示。测斜仪组成部件如表 4.2 所示。

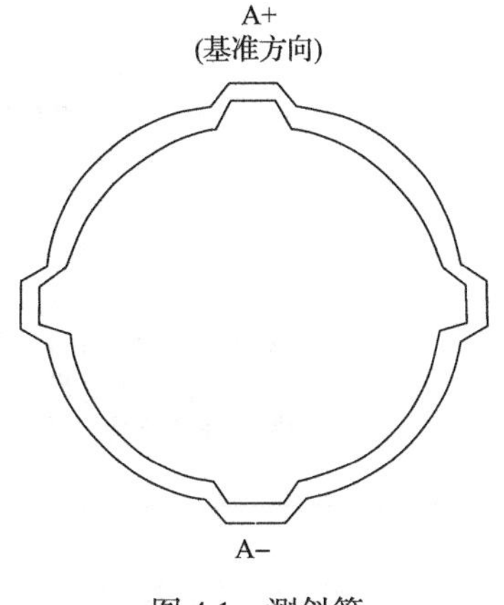

图 4.1 测斜管

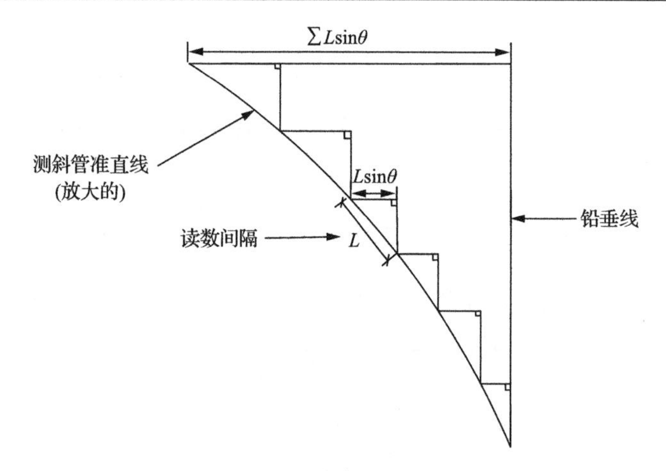

图 4.2　测斜仪观测原理

表 4.2　测斜仪组成部件

部件名称	部件结构	部件使用及部件特点
传感器探头	圆柱形不透钢外壳装有一个力平衡伺服加速度仪	外壳的两端装成带弹簧压力的滑轮组，并备有密封的滑轮轴承来配以标准的测斜仪斜管槽口；在探头底部装有一个橡胶垫，用来缓冲探头可能掉在坚硬物面引起的震动
测斜仪电缆	上端电缆接头为 PLS-207 接头，用以与 DGK-601 读数仪面板相连	测斜仪电缆设计坚固且耐用，中间带有加强钢芯特制电缆，能承受 400kg 的拉力；测斜仪电缆每隔 0.5m 有一个深度位移标志
测斜读数仪	仪器配置 64GB 存储器及 RS-232 接口，内置充电电池及防水薄膜面板	常规的测斜仪探头有两组滑轮，距离相隔 0.5m，将探头放到测斜管底部并开始读数。探头每提升 0.5m 进行读数，直到到达测斜管的顶部，这组读数被称为 A+读数（正测）；旋转 180°，将读数仪重新放入测斜管中，可得到另一组数据 A-读数（反测）
测斜导管	侧斜管垂直埋设在需要监测部位的岩体内，导管内壁设互成 90°的两对凹槽，供探头的滑轮能上下滑动并起定位作用	如果岩体产生位移，导管将随岩体一起变形。多次观测得出的边坡深部位移变化值即代表导管的变形量，由于导管与岩体紧密地结合在一起，因此测斜管位移变化值也就代表了岩土体的位移值

4.1.3　监测系统设计原则

监测系统的设计与选取关系到项目的安全，应综合考虑系统的合理性、适用性、经济性。良好的监测系统要求不仅可以为施工提供依据，实现工程信息化；还应做到操作简单，实用经济等。在监测系统时，应尽量遵守以下原则。

1. 以位移为主原则

地表位移监测是所有监测手段中最为直观、可靠的监测方法，主要监测地表沉降变化、边坡整体位移趋势及内部位移变化，其可以较为准确地反映坡体内部开裂过程及岩土体位移信息，故监测系统往往以位移为主控监测因素。

2. 从实际工程出发原则

监测系统的目的在于通过对监测数据的分析了解边坡稳定情况，进而进行评估及指导组织施工。不同的边坡具有不同的坡度、节理、水文地质、岩石性质等，故没有适合一切工程的监测系统。因此，我们需根据具体坡体工程条件，选用相应的、合理的边坡监测系统。

3. 经济性原则

监测系统在满足理论设计合理、符合现场实际要求、技术方法可行等要求外，还需考虑其成本问题，在保证系统可靠的前提下尽量节约成本，避免由于过度追求仪器精度而盲目使用先进设备所造成的浪费，不仅提高了成本，也大大增加了后期运营维修负担，不利于技术方法的创新研究，更违背“低成本，高质量”的使用原则。同时，综合考虑现场条件、仪器的耐久性、适应性，降低器械的维修成本。

4. 少干扰(无干扰)原则

在实际工程中，往往多个项目同时进行，若不采取相应措施，项目施工过程中可能会对检测系统产生影响，甚至对部分监测点造成破坏，从而影响系统监测准确性。为避免这种情况发生，在系统设计时要考虑施工条件，降低各因素对监测系统的干扰，从而实现监测系统的长久正常的运营。

5. 多信息并重原则

在监测过程中，不仅仅要重视监测数据，还需注意边坡自身及周边信息。了解施工范围内的构筑物和岩石土体开裂情况，综合考虑、对比、分析各项指标以提高监测结果的可靠性。

4.2　岩质边坡监测系统及监测内容

综合立体监测系统是采用综合监测手段，针对高陡岩质边坡建立和实施的专业化监测与预警体系。主要由地表变形及位移监测、深部变形及位移监测、地表裂缝监测、库水位监测、宏观巡查监测等组成(图 4.3)，它为滑坡的发现与预测提供了依据。

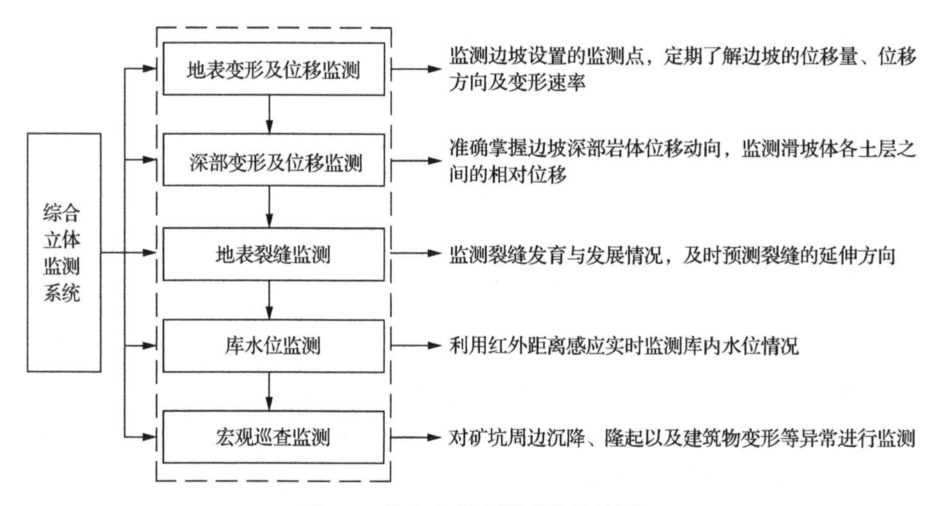

图 4.3　综合立体监测系统结构图

边坡位移监测内容包括地表位移和深部位移。地表位移观测是指测定地表测点随时间而发生水平位移的位置、位移量和位移方向的测量工作，通过 GPS 技术进行监测，GPS 监测技术具有抗干扰能力强、精度高等优点，但其造价较为昂贵。深部位移监测是在钻孔、竖井内设置监测点，其主要监测指标是深部裂缝或滑带等点与点之间的绝对位移量和相对位移量，主要方法为测斜法。测斜仪器组成如图 4.4 所示。

水是影响各种岩石工程稳定性的重要因素之一，作为很多地质灾害诱发的关键因素，水对岩石的弱化效应是非常明显的。水对岩土体性质的影响主要表现在对岩土体力学参数的影响上[106]。随着水位上升以及下降，矿坑岩土体在水的冲击、搬运过程中逐渐饱和软化，岩石裂隙进一步发育，在水的劣化作用下岩石的强度逐渐降低。尤其是对岩体中的软弱面夹层破碎带，其强度变化更加明显，表现为抗剪强度大幅降低，进而影响了滑坡体的稳定性平衡状态，因此库水位移监测至关重要。

图 4.4 测斜仪器组成

地表裂缝是重要监测对象之一，裂缝的延伸、加宽及新裂缝的产生，将降低岩石的承载能力，严重影响边坡的稳定性。为了观测裂缝的变化，在坡顶拉裂裂缝两侧共布置裂缝宽度测量基点，利用连通器液面相平原理计算裂缝变化量，原理如图 4.5 所示，用钢卷尺直接量测裂缝的宽度变化，这种方法操作简单、直观性强。

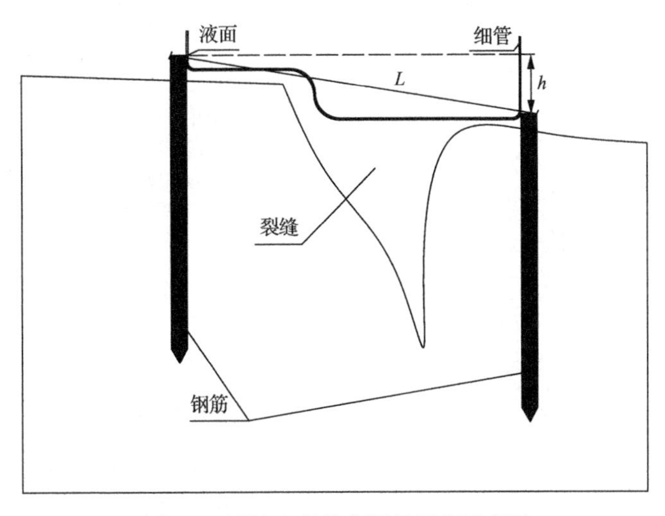

图 4.5 裂缝宽度基点测量原理示意图

宏观巡查监测是指项目成立巡查小组进行实地考察，并对监测区域进行日常考察及工作记录。但人工巡查受主观因素影响较大，存在一定的误差故不能单独使用，要将监测数据与宏观记录相结合，为边坡监测的科学性提供重要保障。

监测系统包括高精度 GPS、活动倾斜仪[107]等各类专业监测仪器。监测要求以点面结合，以综合立体监测为主，采用的主要方法有地层水平位移监测[108]、矿坑水位动态监测、裂缝监测和宏观地质巡查。各方法组合对应，综合分析具体的滑坡变形情况。

4.3　岩质边坡监测位移计算方法

一个期次的监测工作完成后，及时处理各类监测仪器的数据，剔除监测噪声数据；对可靠的数据编制各类数据成果表、曲线图，综合分析监测成果（分析变形量、变形速率、变形区域、变形阶段、变形趋势、预警和预报等）；其中位移计算方法如表 4.3 所示，掌握滑坡的变形动态，编写监测报告。

表 4.3　位移计算原理表

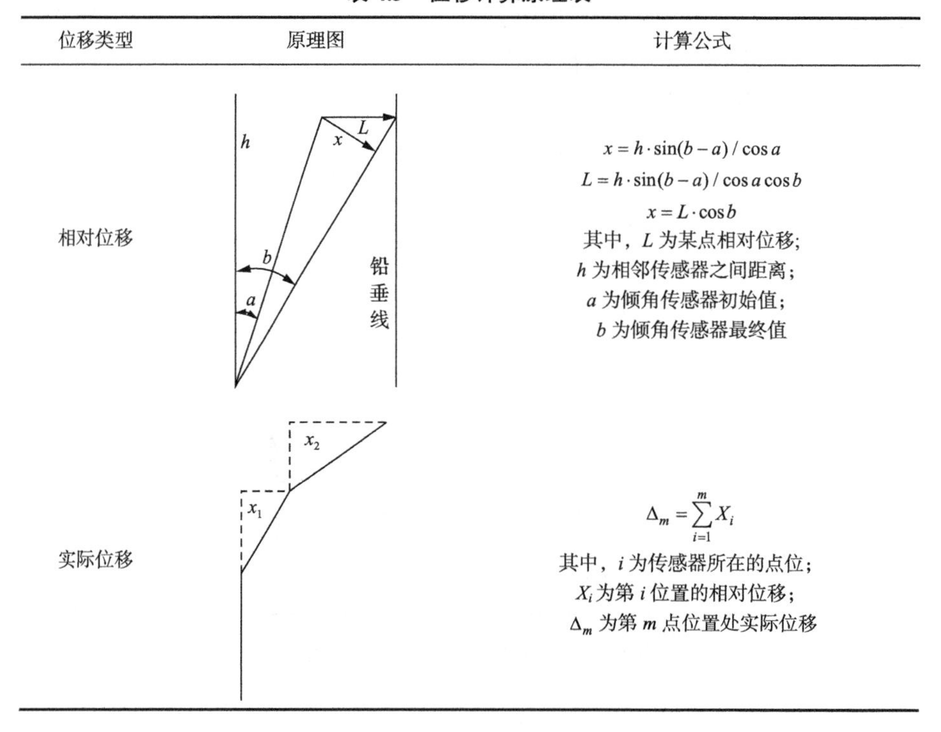

位移类型	原理图	计算公式
相对位移		$x = h \cdot \sin(b-a)/\cos a$ $L = h \cdot \sin(b-a)/\cos a \cos b$ $x = L \cdot \cos b$ 其中，L 为某点相对位移； h 为相邻传感器之间距离； a 为倾角传感器初始值； b 为倾角传感器最终值
实际位移		$\Delta_m = \sum_{i=1}^{m} X_i$ 其中，i 为传感器所在的点位； X_i 为第 i 位置的相对位移； Δ_m 为第 m 点位置处实际位移

GPS 监测对误差较大的数据进行了剔除和线性补插，同时将其位移矢量投影到主滑方向，根据累积位移-时间曲线波动较大的具体情况，对累积位移数据进行了均匀滤波处理[109]。

对钻孔倾斜仪深层滑带处合成位移进行了计算，并求出各点合成位移方向，同时按上述方法进行数据处理和分析。通过将每月水位测值进行平均，分析月平均水位与滑坡变形的关系。主要数据分析处理过程体现在以下几个方面。

1. 异常数据的剔除与内插

对监测数据中明显异常和误差较大的数据进行了剔除，如投影后出现的负值、跳跃性数据。为了保证监测数据的等间隔性，对剔除后的监测数据进行了线性内插处理。

对于累积位移系列 $Y_1, Y_2, Y_3, \cdots, Y_i, \cdots, Y_p, \cdots, Y_j, \cdots, Y_n$，其对应的时间系列为 $t_1, t_2, t_3, \cdots, t_i, \cdots, t_p, \cdots, t_j, \cdots, t_n$，如果在 $t_i, \cdots, t_j$ 间剔除了 p 个数据，剔除后的内插值采用式(4.1)计算：

$$y_p = y_i + \frac{y_j - y_i}{t_j - t_i}(t_p - t_i) \tag{4.1}$$

2. 投影

首先，通过统计分析的手段判定监测点累积位移的位移方向，以大多数位移矢量方向为依据，确定各点的主滑方向，并将各点位移矢量向各点的主滑方向投影，得到各点在主滑方向上的位移。式(4.2)为计算各监测点在主滑方向的累积位移量的计算公式：

$$y_i' = y_i \cos(\alpha_i - \gamma) \tag{4.2}$$

式中，y_i' 为各点累积位移在主滑方向上的投影；α_i 为累积位移方位角；γ 为主滑方位角。

3. 变形突变现象的分析与处理

分析累积位移-时间曲线的类型，归纳不同类型累积位移-时间曲线所对应的滑坡变形规律。不同类型的累积位移-时间曲线的处理方法不同：光滑型曲线不处理；震荡型曲线采用均匀滤波法进行平滑处理，通常采用二次滤波处理累积位移：

$$y_i' = \frac{y_{i-1} + y_i}{2} \tag{4.3}$$

$$y_i'' = \frac{y_{i-1}' + y_i'}{2} \tag{4.4}$$

式中，y_i' 为一次均匀滤波后所得累积位移；y_i'' 为二次均匀滤波后所得累积位移。

4.4　岩质边坡监测方案

4.4.1　监测点布置

本方案以仓上金矿露天坑为例，影响矿区边坡稳定性的构造主要是 F1 断层和 3 号蚀变带，其中 F1 断层位于仓上金矿露天坑的中部，且位于矿坑边坡北侧的坡脚以下，对于边坡的稳定性影响不大，而 3 号蚀变带是宽度为 10～20m，长度为 400m 左右的构造破碎带，位于矿区氰冶厂区和 507 勘探线之间。3 号蚀变带靠近地表部分倾角近 50°，越往深处，其倾角越大，总体倾角为 50°～60°。3 号蚀变带内岩层为黄铁绢英岩化碎裂带，呈松散块状构造，主要由石英、绢云母、黄铁矿等矿物组成，其中蕴含黄铁矿，黄铁绢英岩化碎裂带受晚期构造活动的影响，总体呈破碎状，蚀变严重，呈细脉状夹于岩层中，严重影响边坡的安全。

露天坑尾矿库采用边坡动态监测系统，该系统包括库水位变化监测单元、地表裂缝及位移监测单元、深部变形及位移监测单元、裂缝相对位移、宏观巡查监测单元。根据水位变化资料确定其他监测单元的监测频率，做到关键时期重点监测、正常时期普通监测。仓上金矿北帮边坡地下深部岩体位移监测共布置 3 个测斜孔，测斜孔埋设详细信息如表 4.4 所示。2014 年 7 月已完成测斜孔钻孔和测斜管安装工作，并采用测斜仪器实时进行监测。如图 4.6 所示，地下深部岩石位移监测周期为 4 周/次，当地下位移变化量较大时加密测量频率。为完成地表位移测点布置，特在北帮边坡建立监控网，并采用 GPS 实时监测的方法，采用直接埋设方法，完成了各测点的位移值测量，沉降、水平位移观测点布置示意图如图 4.7 所示，观测点的平面分布图如图 4.8 所示。水位监测周期为 4 周/次，当水位变化较快时加密测量频率。为了观测裂缝的变化，在坡顶拉裂缝两侧共布置5组裂缝宽度测量基点，用钢卷尺直接量测裂缝的宽度变化，这种方法操作简单、直观性强，裂缝监测点布置如图4.9所示。

表4.4　测斜孔埋设信息表

编号	埋设时间	深度	备注
1#	2014年7月	35	1#、2#、3#均为滑动式测斜仪
2#	2014年7月	34	
3#	2014年7月	25	

图4.6　测斜孔布置示意图

图4.7　地表位移观测点布置示意图

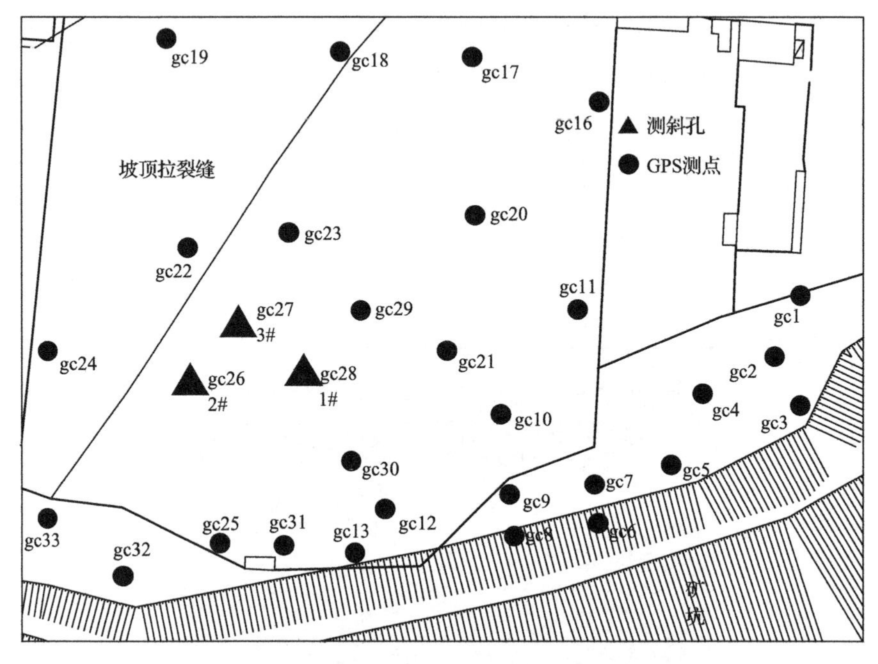

图 4.8　观测点平面分布图

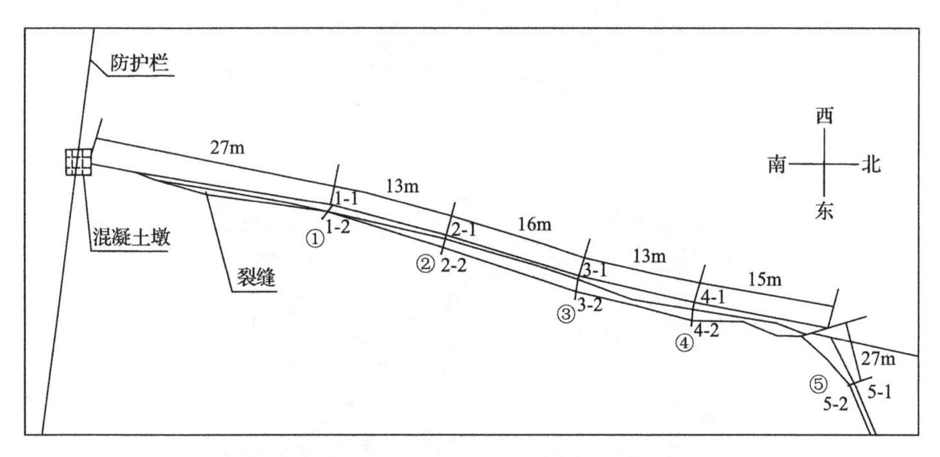

图 4.9　地表裂缝监测点布置示意图

4.4.2　监测点保护及恢复措施

监测点在使用期间，会受到外界因素的影响造成失效甚至破坏，为了避免产生损失，需合理布置监测点且做好相应的防护措施，以提高监测设施的使用期限。

地表监测点布置在矿坑周围较稳定的区域，严格遵循设计要求进行布置；做好标记，要求直观、醒目；及时对测点上的泥土进行清理，避免土壤堆积而丢失测点；对施工人员进行教育交底，增强其对监测点重要性的认识，提高测点保护意识。

测斜测点宜布置在变形较大位置或危险区域，测斜管采用钻孔埋设；测斜管之间要做到接头牢固、对接良好、密封无缝隙；完工后须保持测管内部干净、畅通，并在端口设置顶盖，每次测量完毕后及时将管口盖好；定期对监测点进行检查并清理灰土杂物。

测点的稳定关系到整个监测系统的准确性，而在监测期间会对测点造成不同程度的破坏，我们需对测点进行维护、修理。及时清理测点附近的垃圾，对编号模糊的测点进行修补；土体斜侧因外因而破坏，可在其破坏处下挖进行恢复，若无法修复，则在其旁边进行重新钻孔安装。

点位的有效保护是保证数据准确性的前提，除了一些必要的保护措施外，还要做一些醒目的提示牌，监测点保护不仅是从内部做起保证测点的质量，外部也是非常重要的。

4.4.3 监测数据采集

监测信息涉及施测项目全部测点成果数据和计算结果数据，定期由专业监测人员携带 GPS 接收机、移动式钻孔倾斜仪等设备，到各个监测点进行观测记录或下载数据。

GPS 数据采集使用多台 GPS 接收机同步观测以获得观测数据，观测完成后，用计算机下载观测数据，对下载的数据进行初步解算处理；滑坡深部位移监测采取定期测孔，由技术人员携带钻孔测斜仪监测设备，到滑坡现场对深部位移进行测试，由读数仪自动记录(或人工记录数据)，然后进行监测数据内业整理；裂缝相对位移由监测人员到监测点进行量测并记录数据；库水位用水位监测仪量测水位高程变化。滑坡监测数据采集和整理信息表如表 4.5 所示。

对于变形趋势加剧的滑坡体，位移监测数据采集周期的确定需要考虑不同的变形阶段和仪器系统误差来调整，而库水位动态监测，由于其过程数据动态性较强，其采集间隔要保持一致性。基于变形-水位相关性分析的需要，位移监测数据采集间隔应尽量保持时间和空间域内的连续性，以免遗漏一些动态细节，同时可以提高数据分析的精确度。

表 4.5　滑坡监测数据采集和整理信息表

数据类型	采集间隔	数据整理内容
GPS	常规每月 1 次，加密期间每月 2 次	监测点坐标，*X*、*Y*、*H* 方向位移变化值和累计位移、位移速率
深部位移	常规每月 1 次，加密期间每月 2 次	钻孔各深度处累计位移，位移-深度-时间曲线
裂缝位移	常规每月 1 次，加密期间每周 1 次	裂缝累计位移、位移速率
库水位	常规每月 1 次，加密期间每周 1 次	水位-时间曲线
宏观信息	常规每月 1 次，加密期间每天 1 次	地表调查记录，照片

在地表位移方面，对在滑坡区内布置的地表位移监测点进行定期监测。根据长期观测，现将监测点位移统计如表 4.6 所示。根据分析结果，依据单位时间内位移大小可将边坡划分为主变形区、次变形区和基本稳定区(图 4.10)。主变形区位于靠近矿坑的边坡北侧,该区域的平均水平位移累计值为40mm，变形方向基本垂直于矿坑北侧边缘，最大沉降累计值已达到 60mm；次变形区平均水平位移累计值为 16.8mm，最大沉降累计值达到 35mm，总体变形小于主变形区；基本稳定区位于矿坑北侧距矿坑较远，其最大水平位移累计值只有 23mm，最大沉降累计值为 20mm，该区域的地表变形量明显小于主变形区和次变形区，处于基本稳定状态。边坡整体滑移方向为南偏东。

表 4.6　监测点位移表　　(单位：mm)

监测点	水平累计值	沉降累计值	监测点	水平累计值	沉降累计值
gc6	70	–59	gc2	26	–25
gc4	50	–45	gc16	24	–36
gc8	48	–43	gc20	20	–48
gc12	46	–55	gc21	17	–31
gc3	45	–45	gc23	13	–28
gc13	44	–60	gc26	10	–47
gc9	42	–40	gc22	23	–20
gc33	40	–33	gc18	20	–15
gc10	35	–37	gc24	10	–11
gc7	30	–20	gc19	5	–10

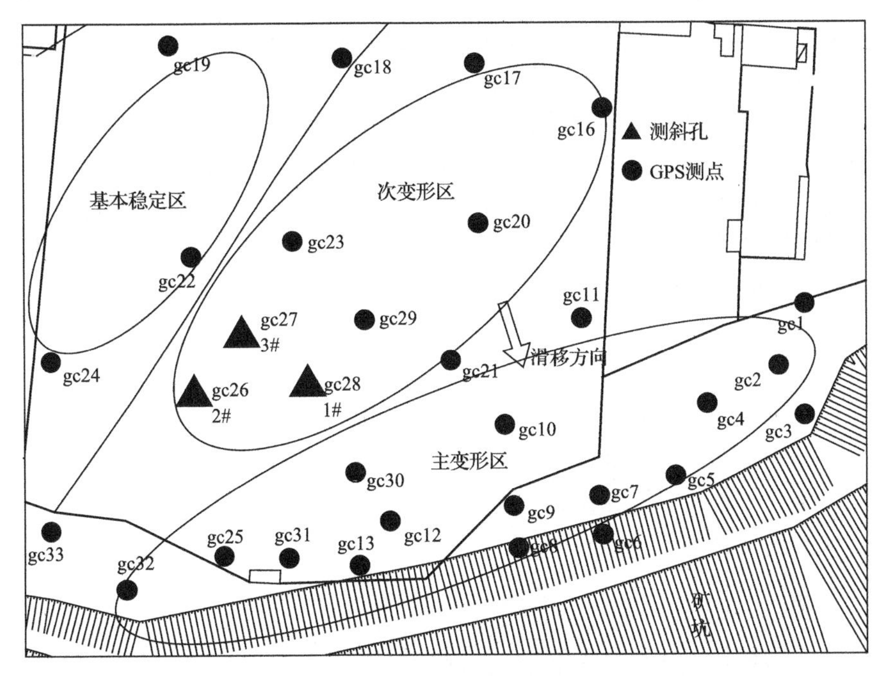

图 4.10 边坡变形分区图

根据对地表观测点水平位移和沉降值的统计分析，可以看出：边坡的变形监测区域基本可以分为主变形区、次变形区和基本稳定区三个分区。主变形区位于靠近矿坑的边坡北侧，其最大水平累积位移值已达到 83mm，该区域的平均水平位移累计值为 30mm，变形方向基本垂直于矿坑北侧边缘，最大沉降累计值已达到 104mm，平均沉降累计值为 50mm；次变形区的最大水平累积位移值达到 31mm，该区域的平均水平位移累计值为 19mm，最大沉降累计值达到 18mm，平均沉降累计值为 10mm，总体变形小于主变形区；基本稳定区位于矿坑北侧，距矿坑较远，其最大水平位移累计值只有 18mm，最大沉降累计值为 10mm，该区域的地表变形量明显小于主变形区和次变形区，处于基本稳定状态。

4.4.4 监测数据分析

本节对三大变形区域内的监测数据进行处理分析，总结各测点的变化规律，为预警预报提供依据。

主变形区（点 gc6、gc7、gc8、gc3、gc4、gc13、gc2、gc9、gc32、gc33）拟合函数为线性函数、指数函数。

从图 4.11 可知，监测点 gc6、gc7、gc8 变形规律基本一致，曲线呈持续增长的特征，gc8 的变形要比 gc6、gc7 大，累积位移值达到了 83mm，2016 年 3 月之前各点变化较为明显，增长势头较强，这与尾矿库投入使用初期水位快速上涨有关；从 2016 年 3 月至 2018 年 3 月 gc6 点位移呈“凹”式变化，证明在此阶段该点经历了不同方向的地表位移变化，其余两点地表位移则继续保持缓慢增长趋势；2018 年 3 月至 2018 年 9 月 gc7、gc8 两点由于受水位变化影响，地表位移方向发生一定程度的改变；2018 年 9 月至今三点地表位移继续呈明显增长趋势。

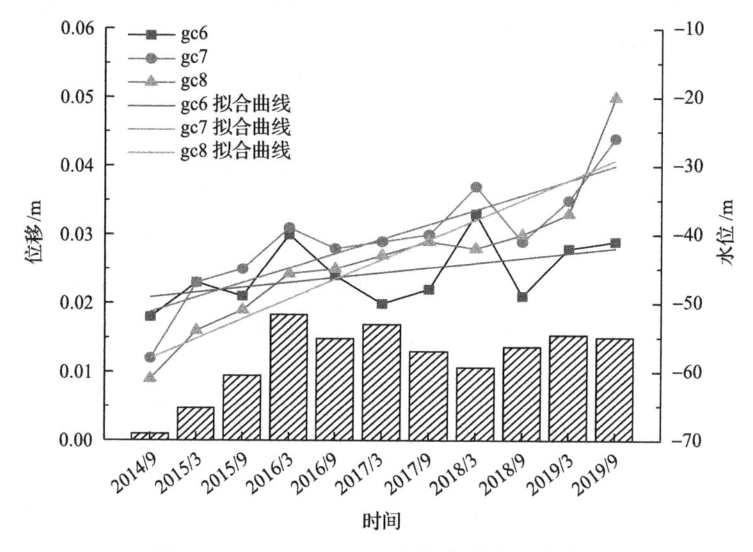

图 4.11　gc6、gc7、gc8 累积位移与水位关系

从图 4.12 可知，监测点 gc6、gc7、gc8 的位移速率基本吻合，最大位移速率达到了 0.11mm/d；三点位移速率在 2014 年 9 月至 2016 年 3 月势头较为猛烈，从 2016 年 3 月至 2017 年 9 月位移速率较为缓和；从 2017 年 9 月至今三点地表位移速率呈增长趋势，该现象可能与库内水位逐渐抬高有关。

从图 4.13 可知，监测点 gc3、gc4、gc13 变形规律较一致，gc3 变形较大，累积位移值达到了 31mm，位移曲线经历了两次明显上涨趋势，分别在 2014 年 9 月至 2016 年 3 月、2018 年 3 月至 2019 年 9 月，其余时期比其他时期上涨趋势不明显。根据拟合曲线，可以看出 gc3、gc4、gc13 的累积位移呈线性函数增长，比 gc6、gc7、gc8 的线性增势更强烈，地表位移同样与库内水位变化程度相关。

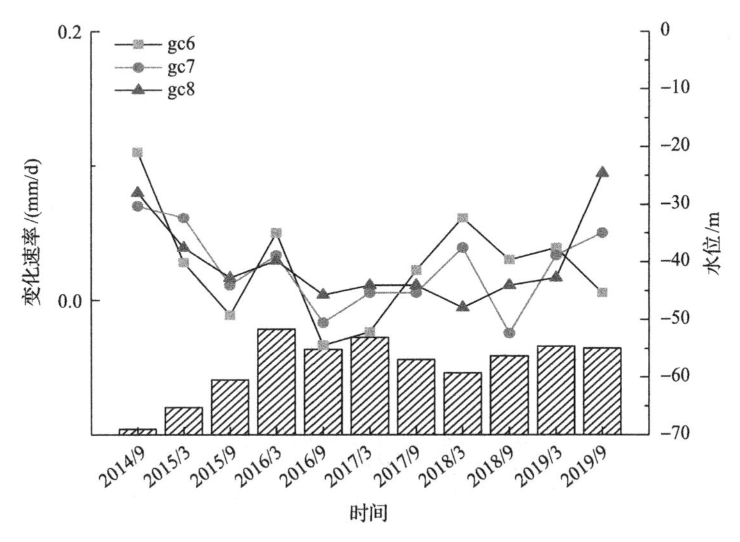

图 4.12 gc6、gc7、gc8 位移速率与水位关系

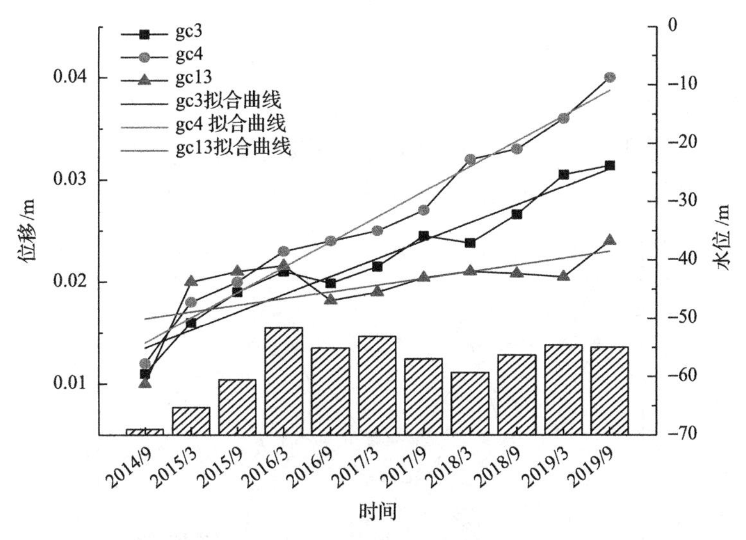

图 4.13 gc3、gc4、gc13 累积位移与水位关系

从图 4.14 可知，监测点 gc3、gc4、gc13 的位移速率样呈现先快后慢的变化趋势，2015 年 9 月之前位移变化速率较大，而后整体变化率趋于平稳，仅 gc13 点在 2016 年 9 月与 gc3、gc4 点在 2018 年 3 月发生突变，位移速率为 –0.02～0.02mm/d，最大位移速率达到了 0.07mm/d；三个监测点的位移突变基本集中在每年 7～9 月的雨季，由此可以看出雨水过多会对地表位移产生

较大影响。

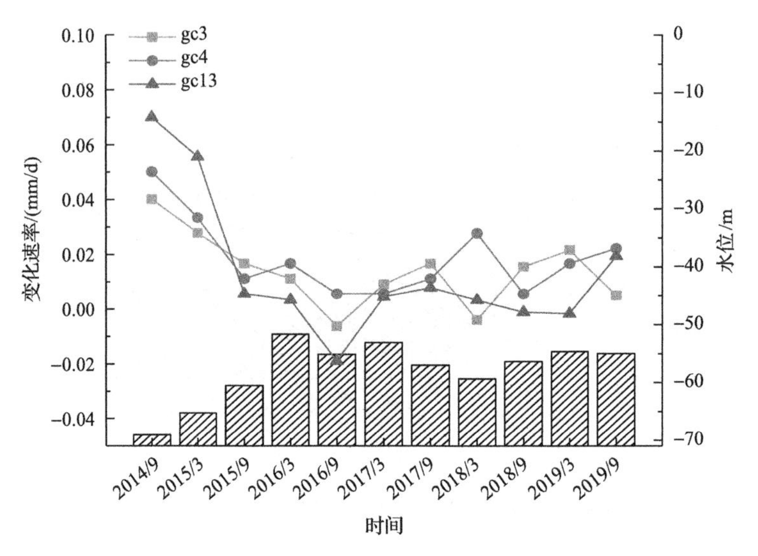

图 4.14　gc3、gc4、gc13 位移速率与水位关系

从图 4.15 可知，监测点 gc9、gc32、gc33 变形规律基本一致，曲线呈先快速增长后增长平缓的特征。在 2016 年 3 月之前监测点位移变化较大，2016 年 9 月至 2018 年 3 月监测点位移呈平缓上升趋势，2018 年 3 月至 2019 年 9

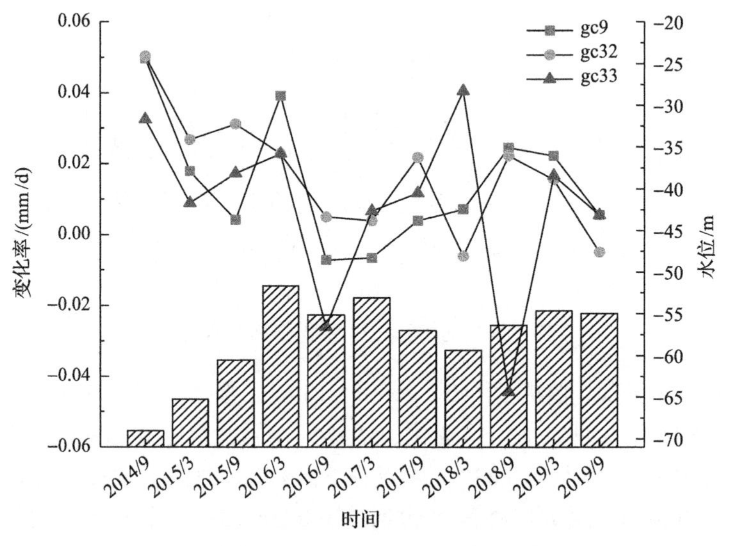

图 4.15　gc9、gc32、gc33 累积位移与水位关系

月增长速率稍有增加，其中 gc32 位移值达到了 36mm。将位移数据拟合后，可以看出三个测点的累积位移均呈指数函数型增长，即累积位移先以较快速度增长后增长速度放缓，说明开始时累积位移是随着矿坑水位增长而增长，但位移达到一定数值后，水位继续增长，位移变化不太明显。

从图 4.16 可知，监测点 gc9、gc32、gc33 的位移速率呈震荡型，最大位移速率达到了 0.05mm/d，除了 gc33 在 2016 年 9 月与 2018 年 9 月发生较大突变，其余监测点变化率基本在-0.01～0.03mm/d，与之前两组监测点位移速率的变化程度接近。

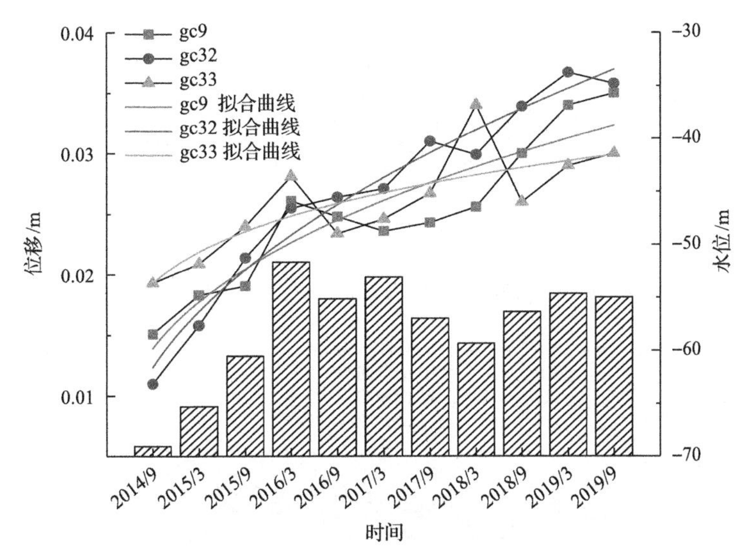

图 4.16　gc9、gc32、gc33 位移速率与水位关系

次变形区(点 gc16、gc20、gc21、gc23、gc26)拟合函数为线性函数，如图 4.17 所示，曲线斜率小，增长缓慢。从图 4.17 可知，监测点 gc16、gc20、gc21、gc23、gc26 变形规律基本一致，位移增长缓慢且数值为 6～31mm，相比于主变形区，此区监测点变形较小，说明此区受矿坑水位变化的影响比主变形区要小。

基本稳定区(点 gc18、gc19、gc22、gc24，位于坡顶拉裂缝的西侧)，如图 4.18 所示，拟合曲线呈水平直线型。

从图 4.18 可知，2014 年 7 月至 2019 年 9 月，监测点 gc16、gc17、gc18、gc19 累积位移为 14～22mm，但位移变化很小，与主变形区和次变形区相比，此区监测点基本没有发生变形或变形程度较小，说明该区域基本不受矿坑水位变化的影响。

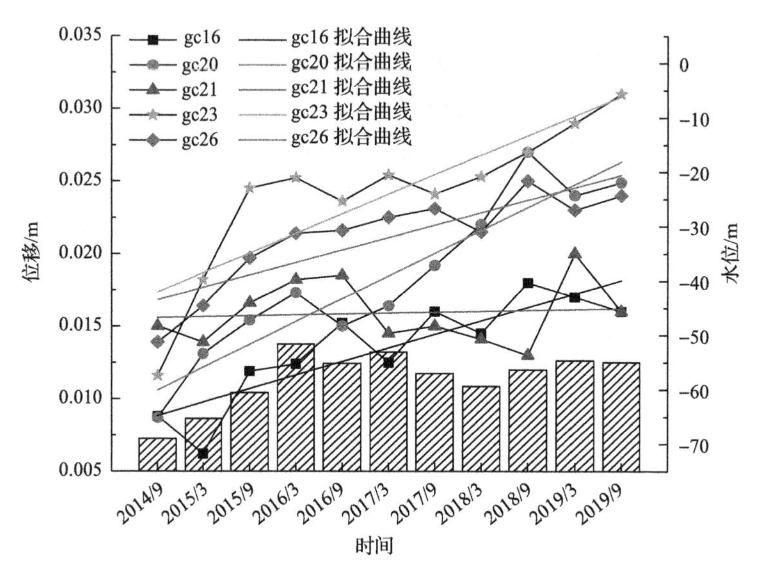

图 4.17　gc16、gc20、gc21、gc23、gc26 累积位移与水位关系

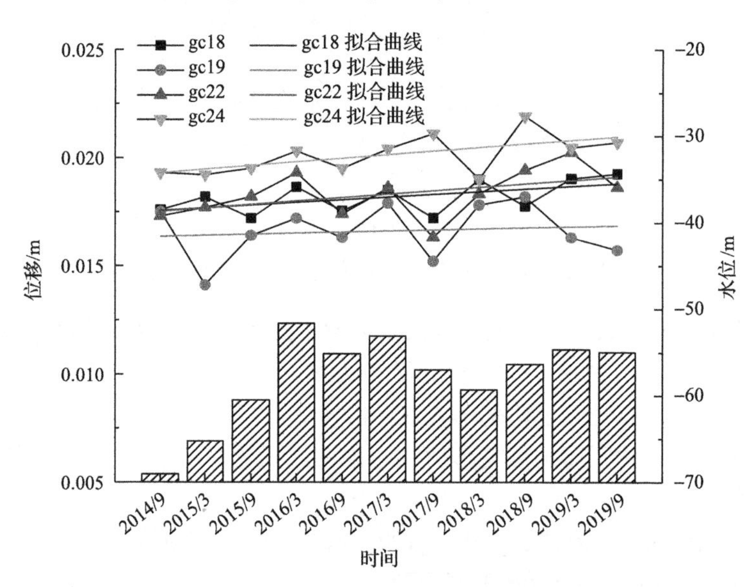

图 4.18　gc16、gc17、gc18、gc19 累积位移与水位关系

在深部位移方面，当地下位移变化量较大时需加密测量频率。监测结果(部分)如图 4.19 所示。由监测结果可以看出，边坡深部位移现阶段变化较为

稳定，累积位移-深度曲线为“B”形、“V”形、无规律型 3 种特征类型。

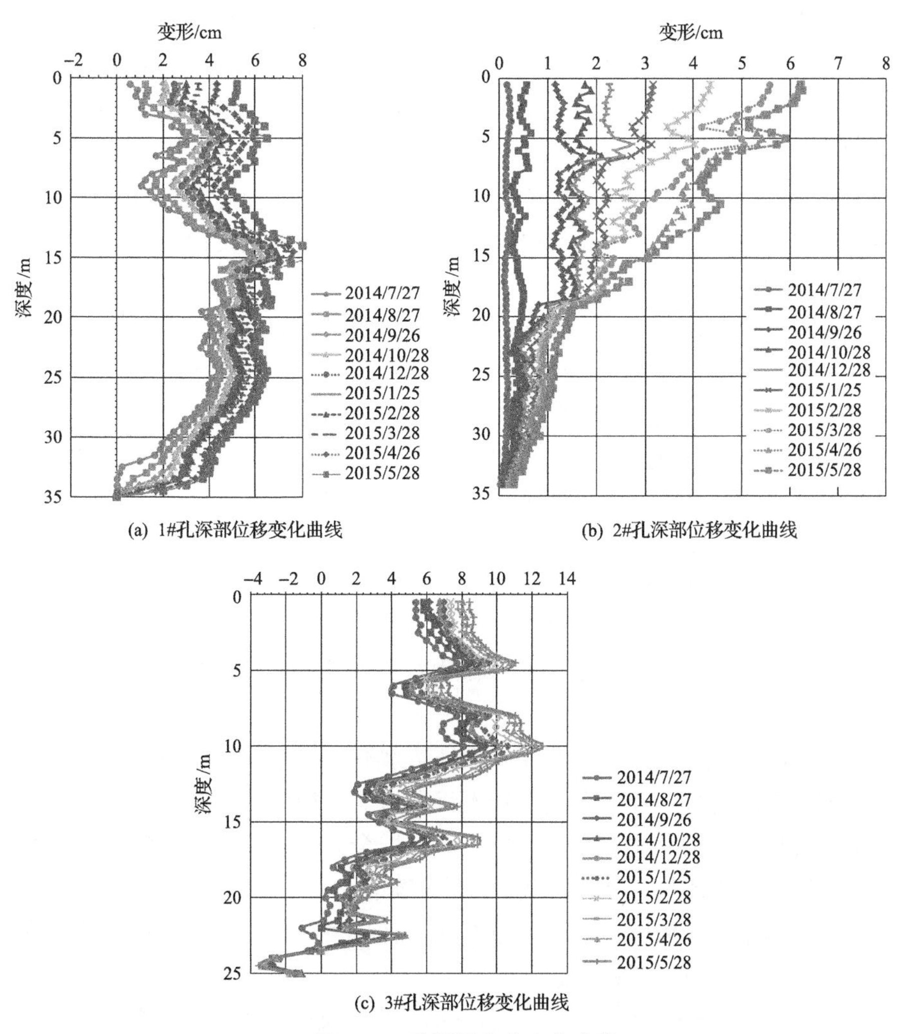

(a) 1#孔深部位移变化曲线

(b) 2#孔深部位移变化曲线

(c) 3#孔深部位移变化曲线

图 4.19　孔深部位移变化曲线

图 4.19(a)是 1#测斜孔在监测期内边坡内部水平位移图,图中可以看出最大位移在 15m 深度处为 7.9cm,最大相对位移量为 4.7cm,在距孔口 2.5m 处。位移变化曲线呈“B”形，曲线有 2 个突变点，分别在 5m 深度和 15m 深度，在这两处可能有潜在的滑动面。但是从总体来看，在整个监测期内累积位移较小，相对位移也没有发生较大的变化，这说明 1#监测孔坡体范围内是比较稳定的。

图 4.19(b)是 2#测斜孔在监测期内边坡内部水平位移图，图中可以看出2#测斜孔位移变化曲线呈“V”形，监测范围内深度大于 20m 的位置位移很小，小于 20m 的位移变化速度有匀速变化的趋势，表明 20m 以上的边坡在发生变形；总体来看，边坡没有出现明显的变形突变带且位移较小，但随着时间的推移，有可能在 5～15m 的最薄弱位置处形成滑动面。

图 4.19(c)是 3#测斜孔在监测期内边坡内部的水平位移图，整条曲线呈摆动状态。边坡变形有小幅增长的趋势，这表明 3#孔监测范围内坡体处在缓慢变形增长阶段。

在监测过程中，仪器本身存在的误差及操作水平的影响都会使得测量结果存在一定误差；而在边坡体内部，各种性质的岩土层、测斜管的埋设质量和地下水等各方面因素都会影响各点的位移。因此，实际测量曲线的位移往往不规律，但小的位移起伏对整个滑坡的发展影响较小。综合深部位移的结果分析可以得出：1#、2#、3#监测孔累积位移和相对位移变化量不大，表明在现阶段监测孔范围内坡体处于稳定变形阶段，但随着时间的推移，未来有可能在最薄弱位置处形成滑动破坏面。

4.5　露天矿岩质边坡动态监测系统

一般监测系统主要及时监测反映表征边坡有关征量的变化与发展趋势，而对于岩质高陡边坡，动态监测系统不仅要求能够精确的边坡位移情况，做出正确的分析，还需从施工角度出发，对边坡全方位、三维空间监测，从而优化设计提高工程质量。动态监测设计流程如图 4.20 所示。

动态监测系统一般以位移监测为主，以其他监测(宏观监测、应力监测等)为补充对比，其具有以下特点。

(1)施工期监测是岩质边坡动态监测的重点，及时处理监测数据，对边坡的稳定性做出准确的评价，指导和保障工程的正常运行。

(2)监测设计时要考虑边坡内部施工所造成的变形，从多角度、多因素共同分析，这样不仅可以同时分析边坡内外施工的相互影响，而且能从多方面综合印证边坡的稳定性，大大提高评价的准确性。

(3)考虑短期监测与长期监测相结合的方式，合理选择监测仪器、布置监测点，避免经济上的浪费，使整个监测系统更加合理化。

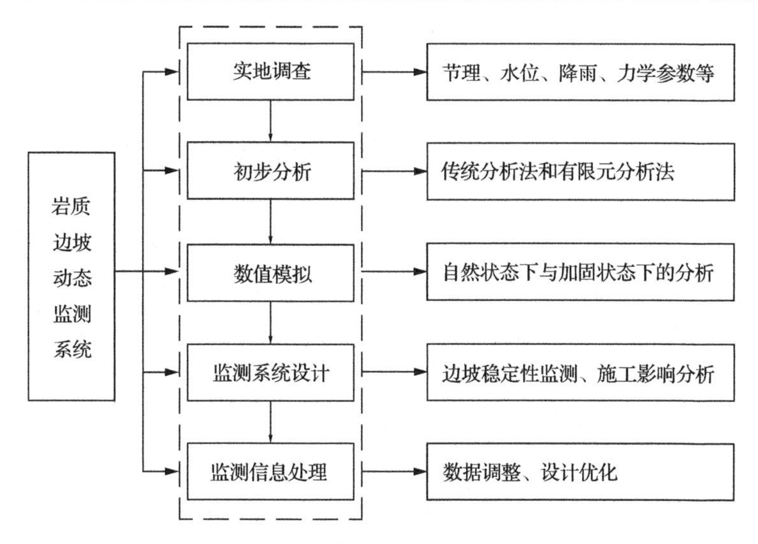

图 4.20 动态监测设计流程图

露天矿岩质边坡监测是一项长期的工作，需耗费较大的精力。为了减小监测工作量，可在上述监测系统的基础上综合分析，找出边坡最危险地段，针对此地段进行重点监测。

5　露天坑尾矿库滑坡预警体系

滑坡是工程中常见的地质灾害之一，按力学条件分为牵引式滑坡和推动式滑坡，其一旦发生将严重威胁施工人员的生命安全，对工程造成巨大损失。因此，准确的滑坡预警体系以及有效的防滑措施尤为重要。滑坡灾害往往伴随一些异常现象发生，如边坡裂缝开度增加、长度加大，边坡出现局部坍塌等，我们需及时发现潜在的异常，并提前做好预防。

5.1　边坡失稳预警机理

边坡主要分为土质边坡与岩质边坡，土质边坡的主要破坏形式为剪切破坏；岩质边坡由于其岩体组成与结构形式的特殊性，破坏形式常以崩塌、倾倒、溃屈、滑动为主[110,111]。

边坡在重力、水、振动以及其他因素作用下，导致滑带的剪应力增大，岩土体沿滑带作整体或大块向前移动，形成滑坡现象，破坏类型包括圆弧滑动(图 5.1)与平面滑动(图 5.2)。圆弧滑动由于外力作用下，内摩擦角与内聚力较低，当达到临界值时，岩土体沿圆弧形成滑动面滑移；结构面贯通、临空，坡脚岩层断裂从而造成岩土体的平面滑动。

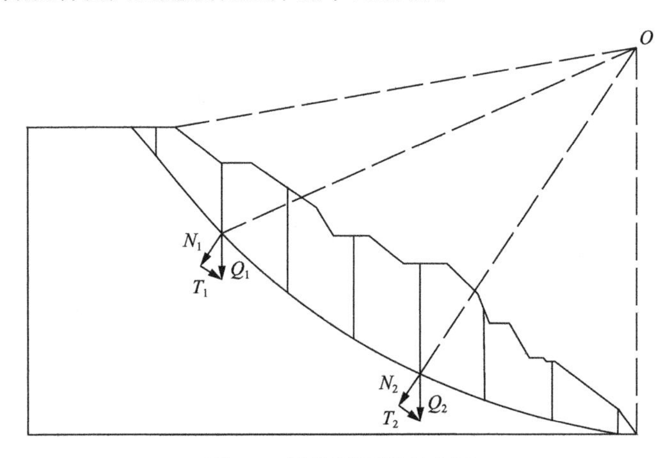

图 5.1　坡体圆弧滑动破坏

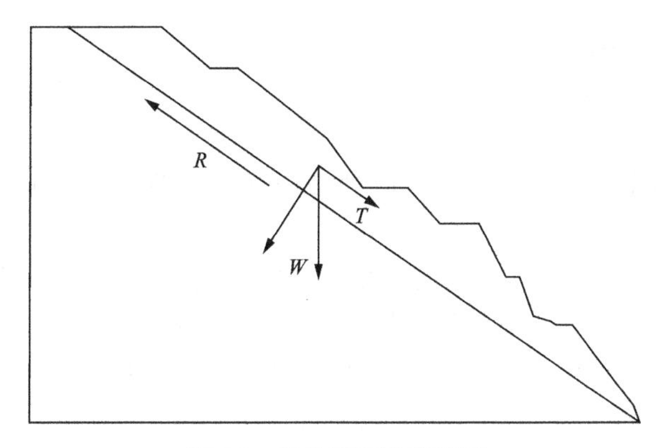

图 5.2　坡体平面滑动破坏

5.1.1　土质边坡失稳机理

(1)土质边坡的力学性质主要受土体地质特征及所处地质环境影响。土质边坡的稳定性主要依靠土体抗滑能力维持，当土质边坡遇水时，水对土体黏聚力及内摩擦角的影响极大。土体受水作用影响，土颗粒之间咬合能力变差，化合物胶结程度减弱，黏聚力强度降低，引起土质边坡失稳。圆弧滑动破坏边坡稳定性的主要影响因素为内摩擦角、黏聚力与重度，其他为次要因素。

(2)土质边坡的失稳破坏，具有显著的线性特征，主要表现为滑动带土体强度由峰值强度向残余强度缓慢过渡。

(3)相对于岩体，土体具有自愈性特征，由于土体中矿物颗粒、土中水及空气的共同化学作用，土体产生的裂缝在一定程度上可以恢复。

(4)工程地质环境条件如地震、潜在的古滑坡等，黄土、膨胀土等特殊土质边坡可能会产生特殊的边坡失稳现象。

5.1.2　岩质边坡失稳机理

相比于土质边坡，岩质边坡具有更复杂的失稳机理，岩质边坡在开挖过程中会引起内部的缺陷不断劣化，以致在部分区域形成贯通，进而发展成宏观裂缝导致边坡失稳。岩质边坡岩体自身强度较高，能够维持岩质边坡的抗滑力，岩质边坡破坏的主要原因为节理面发育[112]。

(1)岩石损伤破裂过程较短，区别于土质边坡的渐进性破坏过程，岩质边坡的破坏过程具有非线性特征，一旦岩石受外界作用发生断裂，一般是不可逆、不可恢复的。

(2)岩质边坡失稳形式多种多样，受复杂岩体结构和岩性条件影响，岩质边坡的失稳具有明显的突变性。

(3) 水对岩体边坡稳定性的影响主要表现在水压力对潜在滑动面或岩体结构面的作用方面。由于岩体边坡中岩体结构面的展布规律不同，结构面上的水压力分布则不一样，因此岩体边坡稳定性及变形特征与水压力分布形式密切相关[113]。

露天矿边坡变形破坏模式主要考虑岩性、岩体结构类型、优势结构面产状和边坡结构参数(破向、坡度、坡高等)因素及其相互关系来进行推理。可以利用数值模拟软件对矿坑周围边坡位移进行分析，找到薄弱地带，如图 5.3 所示。通过现场滑体破坏调查的综合考虑，本地区滑体破坏以圆弧形互动破坏占主导的边坡破坏模式。部分台阶边坡因存在不连续面的组合关系，使上部沿断层滑动，下部为剪断岩体的平面-圆弧复合型破坏。

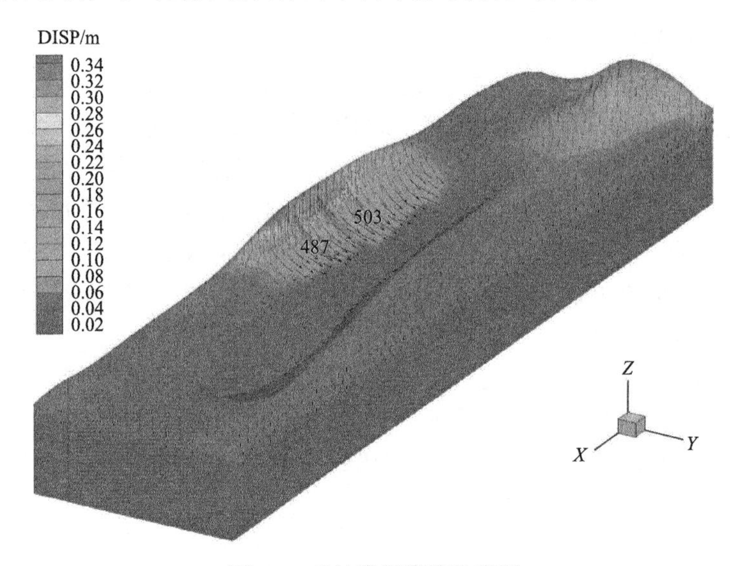

图 5.3　矿坑数值模拟位移图

5.2　边坡变形预测模型

尖点突变模型由一维状态变量和二维控制变量组成，是一种简单实用并且几何直观性很强的模型，因此在分析边坡稳定性时较方便。在实际边坡工程中，组成边坡的岩体结构、性质、相互之间的关系对岩体的整体稳定性有很大的影响，尖点突变模型可以很好地表征岩质边坡变形破坏的实际过程，提出可靠的安全评价方法[114]。

基于尖点突变理论，边坡稳定性分析一般可采用以下步骤：

(1)进行地质条件勘察，构建边坡模型。

(2)依照边坡模型，抽象对应力学模型。

(3)根据力学模型，构建系统势函数方程；利用数学变换(泰勒级数、变量替换等)，将边坡系统势函数转变为尖点突变模型的标准形式。

(4)势函数求导得到平衡曲面方程，通过平衡曲面方程及竖直切线方程构建分歧点集方程。

(5)判断系统能否发生突变并求得突变临界条件。

5.2.1　边坡结构模型

经试验研究证明同种土体的应力-应变关系受多种因素的影响，不同受力状态会呈现出应变硬化与应变软化本构关系[115]。基于边坡失稳的研究，软弱夹层视为潜在滑面，结构模型如图 5.4 所示。图中，边坡高度为 H，边坡倾角为 α；滑动面的倾角为 β；上部岩体长度为 L。

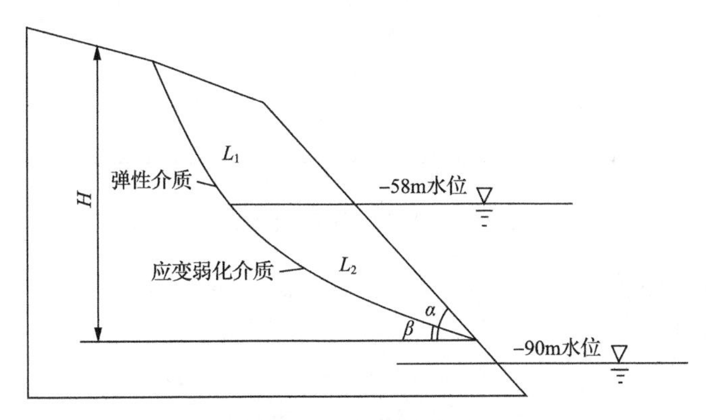

图 5.4　边坡结构模型

矿坑水位不断升降的情况下，岩质边坡受水岩作用影响显著。依据边坡岩体受饱水-失水循环影响不同，可能存在的破坏面主要为以下两个部分。

(1)受饱水-失水循环影响较小的区域(水位–58m 以上区域)。该区域岩体具备岩体应力随应变增大而不断提高的特性；按本构方程分类，该区域岩体属弹性介质。

(2)受饱水-失水循环影响较大的区域(水位–58～–90m 区域)。该区域岩体具备抗剪强度随应变增大而不断降低的特性；该区域岩体处于水位变动带，长期受到矿坑水位升降影响，表现出较强的应变弱化特性，按本构方程分类，该区域岩体属应变弱化介质。

为更明确地反映水位升降因素对滑动面介质的不利影响，引入水致弱化系数f_w[116]：

$$f_{\mathrm{w}} = (1-\eta)(1-w)^2 + \eta \tag{5.1}$$

式中，w 为岩体饱和度；η 为应变软化系数，是岩体饱和状态下强度与干燥时强度的比值。

两区域岩体的本构关系曲线如图 5.5 所示。

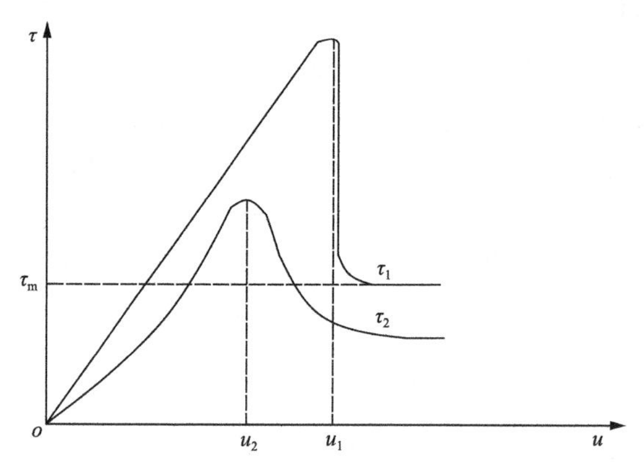

图 5.5　滑动面介质本构曲线

对于弹性性质区段，其本构关系为式(5.2)；对于应变弱化区段，其本构关系为式(5.3)：

$$\tau_1 = \begin{cases} f_{\mathrm{w}1} G_1 \dfrac{u}{h} & u \leqslant u_1 \\ \tau_{\mathrm{m}} & u > u_1 \end{cases} \tag{5.2}$$

$$\tau_2 = f_{\mathrm{w}2} G_2 \frac{u}{h} \exp\left(-\frac{u}{u_2}\right) \tag{5.3}$$

式中，τ_1 为滑动面弹性区段介质的剪应力；τ_2 为滑动面应变弱化区段介质的剪应力；f_{w1} 为弹性区段水致弱化系数；f_{w2} 为应变弱化区段水致弱化系数；G_1 为弹性段的剪切模量；G_2 为应变弱化段的剪切模量；u_1 为弹性段达到剪应力峰值时的位移；u_2 为应变弱化段达到剪应力峰值时的位移[117]。

在式(5.3)中，当 $\dfrac{d^2\tau_2}{du^2}=0$ 时，即可求出应变弱化段剪应力-变形关系曲线的拐点，其位移为 $2u_2$，斜率为 $-\dfrac{G_2e^{-2}}{h}$。

5.2.2 边坡破坏突变模型

1. 势能计算

假设边坡沿滑动面发生蠕滑，位移为 $u(u<u_1)$，则弹性区段岩体的应变能和应变软化区段岩体的应变能分别为

$$U_1=\int_0^u f_{w1}l_1\frac{G_1u}{h}du \tag{5.4}$$

$$U_2=\int_0^u\left[f_{w2}l_2\frac{G_2u}{h}\exp\left(-\frac{u}{u_2}\right)\right]du \tag{5.5}$$

式中，l_1 为滑动面弹性段长度，m；l_2 为滑动面应变弱化段长度，m。

上部岩体的重力势能为

$$W_G=mgu\sin\beta \tag{5.6}$$

式中，m 为滑坡体总质量，kg；β 为滑动面倾角，(°)。

基于达西定律和土力学，计算岸坡的渗流力及岸坡势能变化如下：

$$f=m_wgi \tag{5.7}$$

$$W_w=m_wgiu \tag{5.8}$$

式中，f 为坡体内水的渗透力，kN；W_w 为渗透力产生的势能，kN·m；m_w 为水的质量，kN；i 为水力梯度。

2. 边坡破坏突变模型

仓上金矿露天坑作为尾矿库使用以来，库岸下部长期处于周期性饱水-失水循环状态。滑动面岩土体在水岩作用下，表现出明显的物理力学性质劣化现象。库水位升降循环条件下，岩质边坡更可能由渐变破坏转变为突变破坏。

截取单位宽度滑坡体为研究对象，边坡总势能为

$$
\begin{aligned}
V_{\mathrm{u}} &= U_1 + U_2 - W_{\mathrm{G}} - W_{\mathrm{w}} \\
&= \int_0^u \left[f_{\mathrm{w}1} l_1 \frac{G_1 u}{h} + f_{\mathrm{w}2} l_2 \frac{G_2 u}{h} \exp\left(-\frac{u}{u_2} \right) \right] \mathrm{d}u - \left(mg\sin\beta + m_{\mathrm{w}} gi \right) u
\end{aligned} \tag{5.9}
$$

对式(5.9)取偏导，得平衡曲面方程：

$$
V_{\mathrm{u}}' = f_{\mathrm{w}1} l_1 \frac{G_1 u}{h} + f_{\mathrm{w}2} l_2 \frac{G_2 u}{h} \exp\left(-\frac{u}{u_2} \right) - \left(mg\sin\beta + m_{\mathrm{w}} gi \right) \tag{5.10}
$$

方程 $V_{\mathrm{u}}'=0$ 为平衡曲面，如图 5.6 所示。$V_{\mathrm{u}}'''=0$ 处可求得平衡曲面尖点处的剪切位移 $u=u_1=2u_2$，即为应变弱化区段介质本构关系曲线的拐点。将式(5.10)尖点处状态变量 u_1 作泰勒公式展开，截取到 3 次项，则平衡曲面可以转化为

$$
\begin{aligned}
&\frac{2}{3}\frac{f_{\mathrm{w}2} l_2 G_2 u_1 e^{-2}}{h}\left\{ \left(\frac{u-u_1}{u_1} \right)^3 + \frac{3}{2}\left(\frac{f_{\mathrm{w}1} l_1 G_1 e^2}{f_{\mathrm{w}2} l_2 G_2} - 1 \right)\left(\frac{u-u_1}{u_1} \right) + \frac{3}{2}\left[1 + \frac{f_{\mathrm{w}1} l_1 G_1 e^2}{f_{\mathrm{w}2} l_2 G_2} \right.\right. \\
&\left.\left. - \left(mg\sin\beta + m_{\mathrm{w}} gi \right) \right] he^2 (f_{\mathrm{w}2} l_2 G_2 u_1)^{-1} \right\} = 0
\end{aligned} \tag{5.11}
$$

将式(5.11)作变量代换，可得到尖点突变的理论标准形式的平衡曲面为

$$
V'(x) = x^3 + ax + b = 0 \tag{5.12}
$$

其中，

$$
\begin{aligned}
x &= \frac{u-u_1}{u_1} \\
a &= \frac{3(fk-1)}{2} \\
b &= \frac{3}{2}\left(1 + fk - \frac{\xi}{f_{\mathrm{w}2}} \right)
\end{aligned}
$$

$$
f = \frac{f_{\mathrm{w}1}}{f_{\mathrm{w}2}},\quad k = \frac{l_1 G_1 e^2}{l_2 G_2},\quad \xi = \frac{\left(mg\sin\beta + m_{\mathrm{w}} gi \right) he^2}{l_2 G_2 u_1} \tag{5.13}
$$

式中，x 为系统的状态变量；a、b 为控制变量；f 为水致弱化系数比，即弹性

区段水致弱化系数与应变弱化区段水致弱化系数之比；k为刚度比，即弹性区段介质刚度与应变弱化区段介质剪应力-应变关系曲线拐点处刚度之比；ξ为岩体力学参数。

分叉集为

$$\Delta = 4a^3 + 27b^2 = 0 \tag{5.14}$$

将参数 a 和 b 的表达式代入式(5.11)，得

$$2(fk-1)^3 + 9\left(1 + fk - \frac{\xi}{f_{w2}}\right)^2 = 0 \tag{5.15}$$

由式(5.12)得到平衡曲面 M 图(图 5.6)，三维空间坐标分别为状态变量 x 和控制变量 a、b，平衡曲面 M 中的折痕部分为奇异点集 S，S 在控制变量 (a,b) 平面上的投影称为分叉集，用 B_1 和 B_2 表示。

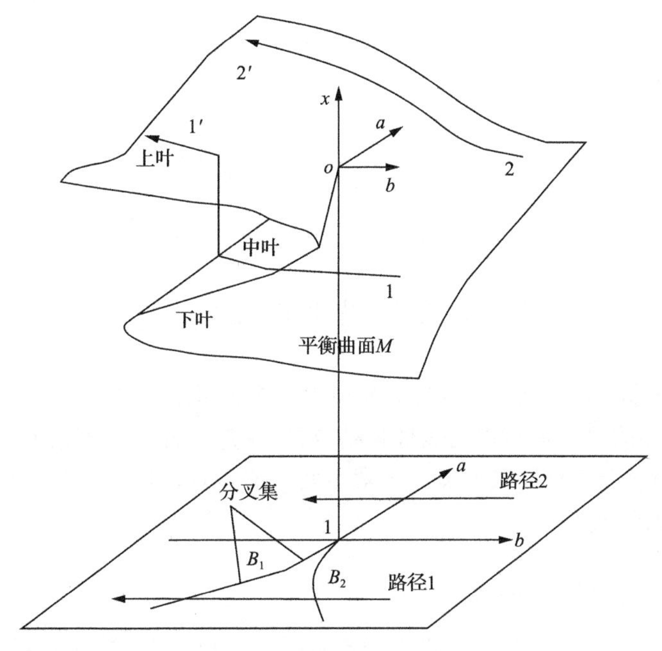

图 5.6 滑坡尖点突变模型

把曲面 M 分为上叶、中叶和下叶三部分，结合突变理论分析，边坡演化过程中，随着边坡滑动面错动产生位移 u，会出现如下两种情况：

当$\Delta>0$时，势函数连续变化，边坡稳定性状态沿路径 2-2′演化。因为状态变量x连续变化，边坡的势能也呈连续变化趋势，不发生突变破坏。

当$\Delta\leqslant 0$时，势函数非连续变化，边坡稳定性状态沿路径 1-1′演化。由于状态变量x要穿越分叉集B_1，控制变量发生微小变化，使边坡状态发生突发性衰减，从折翼的下叶跃迁到上叶，发生突变破坏。

所以根据分析，当$a>0$时，$\Delta>0$，边坡稳定；当$a\leqslant 0$时，跨越分歧点集，系统可能发生突变，此时，若$\Delta>0$，则边坡处于渐变状态，若$\Delta\leqslant 0$，则边坡易发生突变破坏；因此，岩质边坡失稳的必要条件是$a\leqslant 0$，即$k\leqslant\frac{1}{f}$：

$$k=\frac{l_1G_1e^2}{l_2G_2}\leqslant\frac{1}{f}=\frac{f_{w1}}{f_{w2}} \tag{5.16}$$

由式(5.16)可以看出，当弹性区段越短、介质刚度越小，应变弱化区段越长、介质刚度越大时，边坡越容易发生失稳；当水致弱化系数比越大时，边坡越容易发生失稳[118]。通过平衡曲面方程与分歧点集方程，可以得到失稳临界点的位移为

$$u^*=u_1\left[1-\frac{\sqrt{2}}{2}(1-fk)^{\frac{1}{2}}\right] \tag{5.17}$$

5.3　岩质边坡滑坡预警指标

在边坡即将失稳破坏时往往伴随众多反常现象，我们需找到能反映该现象的指标，将监测数据与宏观表现相结合，对相应指标进行多角度分析把控，为提出准确预警信息提供保障。本章主要从宏观及定性指标和位移信息对岩质边坡预警进行研究。

5.3.1　宏观及定性预警指标

宏观裂缝的发展：当坡体进入加速阶段后，此时原有裂缝将变宽、延长，并会出现新的裂隙。坡体的裂缝不断发育，包括原有裂缝的进一步张开以及在剪切作用下新裂缝的产生，裂缝间相互贯通导致坡体稳定性不断降低，在裂缝数量达到一定程度后，边坡发生滑坡(图 5.7)。

图 5.7　岩质边坡滑坡图

地下水的变化：地下水在边坡活动下发生变化，在失稳前前缘位置在地下水作用下产生湿地，甚至出现冒沙；自来水变浑浊，温度异常；地下水位发生变化等现象都是边坡失稳的前兆。

地表隆起与沉陷情况：在岩体相互作用下，会引起地表局部隆起或下沉，地表产生明显的变形。这个过程会对周边的房屋建筑造成影响，如墙体产生裂缝甚至房屋倒塌(图 5.8)。此时滑坡体会被“挤出”后缘位置出现下沉现象并伴随地音。

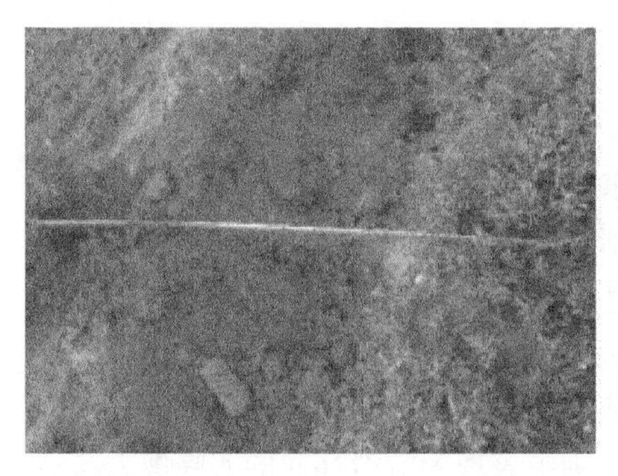

图 5.8　坡顶拉裂缝图

其他指标：降雨情况也是重要指标之一，高强度降雨或持续降雨会造成边坡岩体软化，促进岩石裂隙的发育，从而降低边坡整体强度。宏观指标是边坡状态最为直观地反映，包括坡体局部出现坍塌、支护结构出现变形破坏、附近建筑物的破坏程度等。通过巡察边坡出现的异常表现及时做好记录，为综合预警提供宏观上的判断。

5.3.2 位移预警指标

位移是边坡预警的重要指标之一，通过对位移数据的分析可以判断边坡的内在运动趋势及稳定性。经研究发现，斜坡的稳定性情况与变形阶段有着直接的联系，将边坡变形过程分为三个阶段，分析如下：

第一阶段为初始变形阶段，即在外界因素作用下边坡开始产生变形，随着外界因素的消失，其位移加速度逐渐降低，甚至小于 0，此时边坡整体处于稳定状态，无滑坡现象。

边坡进入第二阶段——等速变形阶段，此阶段边坡变形速率基本维持在某一恒定值上，其加速度基本为 0。本阶段边坡发生变形，但无明显裂缝产生，边坡整体状态良好。

当累积变形达到一定程度后，边坡进入第三阶段——加速变形阶段。此时，位移加速度逐渐增大，坡体变形加剧并伴随裂缝形成发育、地表沉降、地下水位变化等现象。随着变形的加剧边坡稳定性降低，当超过临界值时，出现滑坡现象，边坡发生失稳破坏。

位移监测指标是反映边坡稳定性的内在表现，能够准确反映边坡失稳滑坡演化过程，是工程中最常用的边坡预警指标。它与宏观指标相互补充共同为边坡的预测预警提供依据。

5.3.3 安全系数预警指标

安全系数是目前边坡预警的一项重要指标之一，利用差分迭代法通过逐级增加给定的强度折减系数，并加载到有限元数值模拟软件，计算边坡内部应力场、应变场或位移场。在有限元计算过程中，分析应力、应变或位移的某些分布特征，通过改变折减系数 f_{os} 值，实现边坡恰好达到失稳破坏，此时的 f_{os} 值为边坡的稳定安全系数[119]。依据这一原则，在有限元数值模拟准则 Mohr-Coulumb 准则和 Drucker-Prager 准则中表现为沿滑移面的实际剪力与边坡发生失稳破坏时的抗剪强度之比：

$$f_{\mathrm{os}}=\frac{\int_0^l(c+\sigma\tan\varphi)\mathrm{d}s}{\int_0^l\tau_n\mathrm{d}s} \tag{5.18}$$

有限元法无须假定滑动面，只需给出初始应力状态，边界条件和岩石力学参数(黏聚力 c、内摩擦角 φ、弹性模量 E 和泊松比 μ)，然后计算各单元体节点的应力和位移量。如果某点或者单元体的应力或位移超过允许值时，表明边坡发生局部失稳。有限元法计算结果的可靠程度与给定的岩石力学参数有关。在有限元计算过程中，若选取的强度折减系数值仍使边坡处于稳定(或失稳)状态，此时需不断改变折减系数大小，直至边坡处于临界破坏状态，此时的 f_{os} 值就是坡体的稳定安全系数，此时的滑移面就是边坡实际滑移面。

采用有限差分法分析边坡稳定性时，关键的问题是如何根据数值模拟结果判断边坡是否处于破坏状态[120-122]。目前主流的边坡失稳判据有以下几种。

1. 收敛性判据

在有限元计算过程中，边坡发生失稳破坏的标志是力和位移的迭代计算不收敛。有限元计算的迭代过程是实现内力和外力处于平衡状态的过程，根据有限元计算的特点，只有迭代过程达到收敛标准后计算才停止。边坡一旦发生失稳破坏，其滑移面的塑性变形为无穷大，此时从力的迭代计算收敛标准和位移的迭代计算收敛标准来判断，有限元方程组中不存在满足应力-应变关系、静力等效平衡和强度准则的解，迭代计算不收敛。

2. 突变性判据

边坡破坏的标志是从坡顶到坡脚出现广义塑性应变或等效塑性应变塑性区贯通，但塑性区应变贯通不代表边坡发生破坏，只是作为边坡发生失稳破坏的必要条件，并非充分条件。判断边坡是否破坏还应分析边坡是否出现很大且无限发展的塑性变形和位移。在有限元计算过程中，边坡失稳破坏的表现为塑性区出现应变和位移突变，计算结果从收敛突变为计算不收敛，表征为滑面上岩体无限流动，此时判断边坡是否发生失稳破坏的主要依据为有限元计算结果是否收敛或边坡滑面上节点塑性区存在应变和位移突变。

边坡出现整体直线滑动状态时的破坏形式如图 5.9(a)所示，分析可知，边坡发生破坏后的状态由稳定状态向运动状态转变，滑体滑出后将产生很大的位移，且无限发展。边坡失稳时滑动面上单元节点水平位移(坡顶 UX1、坡中 UX2、坡脚 UX3）与滑体荷载呈线性正相关，其曲线走势图如图 5.9(b)所示。分析可知，初始阶段边坡发生弹性变形，不断增加荷载后，边坡变形进入塑形阶段，一旦发生边坡破坏，单元节点水平位移发生突变，随着荷载继续增加，有限元程序仍进行迭代计算，此时无论从力的迭代计算收敛标准，还是位移的迭代计算收敛标准来判断，有限元方程组中均不存在满足应力-应变关系、静力等效平衡和强度准则的解，有限元迭代计算不收敛。

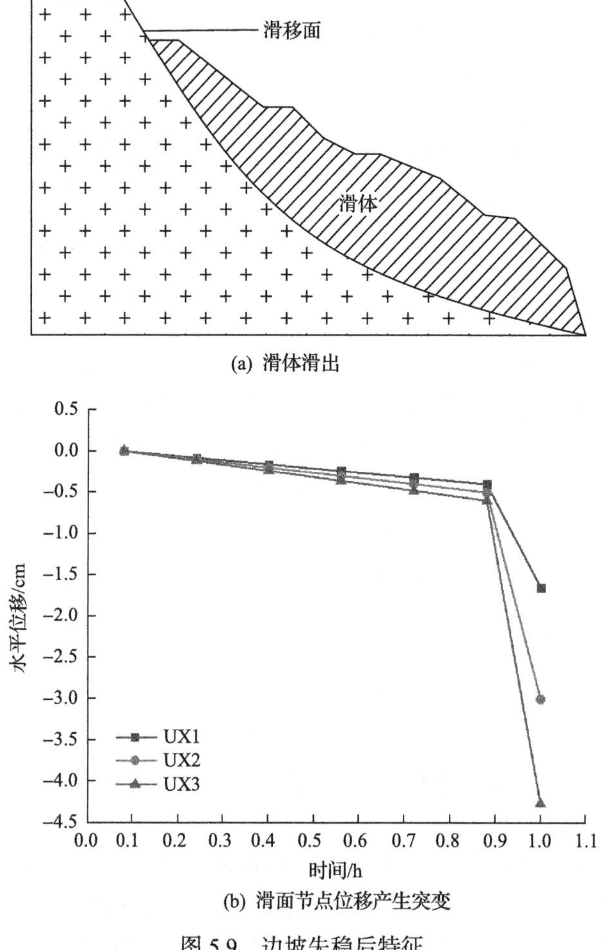

图 5.9　边坡失稳后特征

边坡安全系数小于 1.0，斜坡将处于不稳定状态；安全系数大于 1.0，斜坡处于稳定状态；安全系数等于 1.0，斜坡处于临界平衡状态。仓上金矿尾矿库矿坑安全系数指标判据如表 5.1 所示。

表 5.1 安全系数预警标准

安全系数范围	安全等级
$f_{os} \geqslant 1.5$	安全，无须报警
$1.2 < f_{os} \leqslant 1.5$	安全，注意监测
$1.0 < f_{os} \leqslant 1.2$	安全但存在隐患，对危险区域加大巡查力度
$0.9 < f_{os} \leqslant 1.0$	处于失稳状态，发出预警预报
$f_{os} \leqslant 0.9$	危险，立即撤离现场

5.4 高陡岩质边坡预警预报方法

岩质边坡即将发生破坏前，边坡局部或者整体位移速率会有明显的上升突变，边坡深部位移监测发现坡体内部位移有突变，且通过巡视还会发现坡体有许多明显的能被探知的临破坏征兆。将监测成果与这些征兆结合分析，可以对边坡进行预警预报。综合以上研究内容，本节提出了 3 种预警预报方法。

(1)根据地表 GPS 测点位移速率和岩石蠕变实验结果结合形成位移速率预警预报方法，针对北帮边坡求出了位移速率预警值；

(2)根据对边坡尖点突变模型的分析，根据判别式 Δ 来判断边坡的状态，$\Delta = 2(fk-1)^3 + 9\left(1 + fk - \dfrac{\xi}{f_{w2}}\right)^2$，当 $\Delta > 0$ 时，边坡稳定；当 $\Delta > 0$，$fk < 1$ 时，边坡处于渐变状态；当 $\Delta < 0$ 时，边坡发生突变失稳破坏。因此，可以根据 Δ、fk 值进行预警预报。

(3)根据深孔测斜分析结果，建立灰色预测模型，可以绘出实测曲线与预测曲线的对比图，根据对比图可以了解到边坡未来发展趋势并进行预测。

5.4.1 位移速率预警预报

边坡的变形具有时效性。相对外界因素的影响，边坡的时效变形主要是由自身流变特性所引起。边坡的流变是指在重力等荷载作用下边坡的介质发生不间断的缓慢变形。蠕变是指外力不变的情况下变形随时间缓慢增加的现象，而且多呈现出非线性的关系。蠕变是边坡流变最重要的组成部分，甚至可以认为边坡是否发生破坏直接取决于蠕变加速的快慢[123]。

对边坡进行开挖会导致边坡的受力不断地随开挖进度的变化而变化，从而边坡出现复杂的变形，其规律也难以总结，在监测数据中的位移监测曲线表现出波动较大且表现出无规律的波动，尽管大体上呈现上升趋势，但位移并非单调增加，位移速率处在无规律的不断变化状态。岩土体材料随时间的变形特性是边坡变形的主要原因，所以先不考虑其他次要因素，以边坡的时效变形特性为研究重点，得到边坡岩体的基本变形规律后再进一步考虑其他因素对此规律的影响，从而再修正岩体的基本变形规律。

目前主要是在大量的室内实验和现场观测资料的基础上来观察变形与控制因素(时间、应力、稳定等)之间的关系，边坡变形的经验或半经验统计模型以此关系得以建立，并预测失稳破坏的发生概率。

根据蠕变理论，可以用 4 个阶段概括边坡失稳变形的过程(图 5.10)。*ab* 段：变形启动阶段，变形速率逐渐减小；*bc* 段：匀速蠕滑阶段，变形速率基本不变；*cd* 段：快速发展阶段，变形速率增加显著；*de* 段：以边坡岩体变形发展的不同状况而有不同的走向，若沿 *de* 方向发展，则边坡趋于破坏；若沿 *de′*方向发展，则变形逐渐收敛使得边坡趋于稳定。

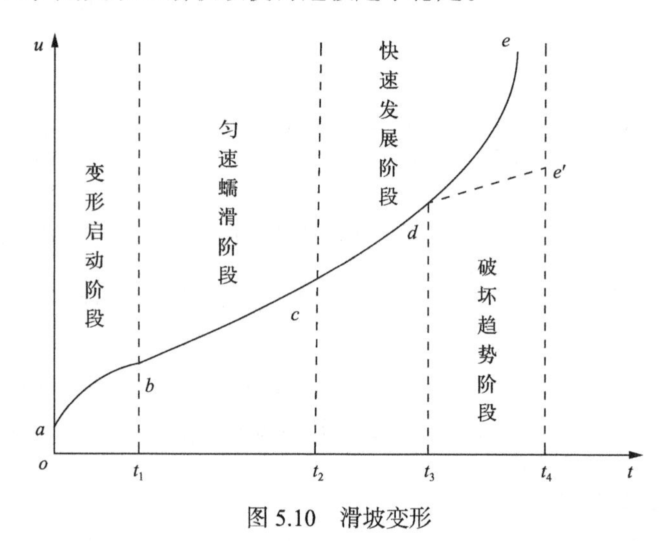

图 5.10　滑坡变形

以岩体的蠕变特征曲线作为研究基础，对其蠕变各个阶段的变形速率进行研究，确定出各蠕变阶段转变的变形速率临界值，为边坡变形阶段的预警阈值作参考。通过对仓上金矿高陡边坡进行大量的岩石三轴压缩蠕变试验研究[124]，得到岩样的侧向加速流变阶段的流变及流变速率如图 5.11、图 5.12 所示。

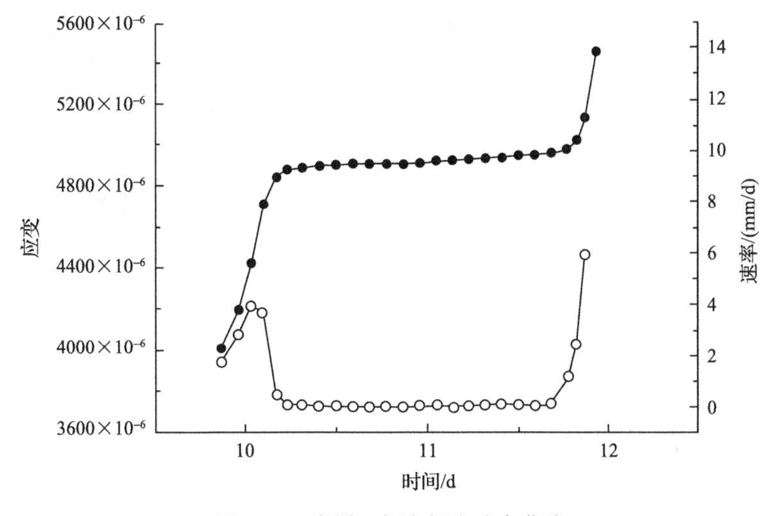

图 5.11 岩样 1 侧向蠕变速率曲线

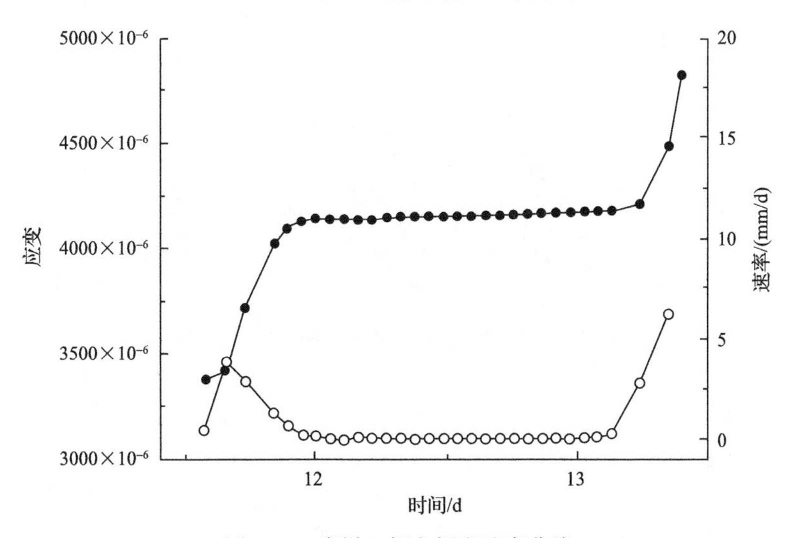

图 5.12 岩样 2 侧向蠕变速率曲线

岩石的侧向应变在出现流变破裂时经历了 3 个阶段，即流变初期、流变稳态及流变加速。而流变速率的变化也经历了 3 个阶段，即初期流变速率阶段、稳态流变速率阶段及加速流变速率阶段。由图 5.11 和图 5.12 可以看出，岩石加速流变阶段初期变形速率为 1.0～2.0mm/d，后期变形速率为 2.0～6.0mm/d，而破坏阶段变形速率大于 6.0mm/d。

地表 GPS 测点和深部位移测点能比较客观地反映边坡的总变形及内部岩

体的变形情况。GPS 测点取边坡前缘的 gc3、gc7、gc8，变形速率如图 5.13 所示，有小幅波动，变形速率在 0.1mm/d 左右；深孔测斜取 2#测斜孔，变形情况如图 5.14 所示，孔口的变形呈稳定增长趋势，累计变形约为 62.5mm，变形速率在 0.2mm/d 左右。根据内外岩体变形速率情况初步分析判断边坡处在稳定变形阶段，受其他外在因素如水位变动和降雨等因素影响，使曲线出现波动。

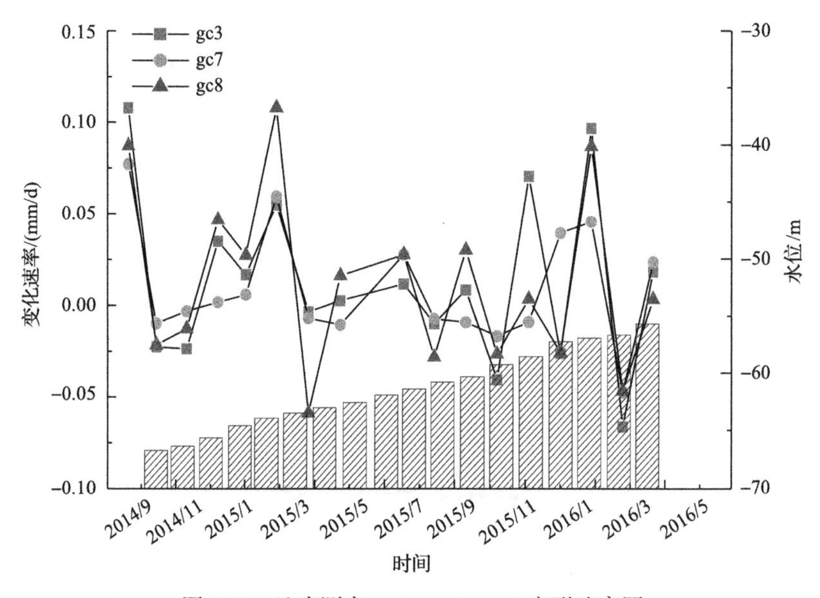

图 5.13　地表测点 gc3、gc7、gc8 变形速率图

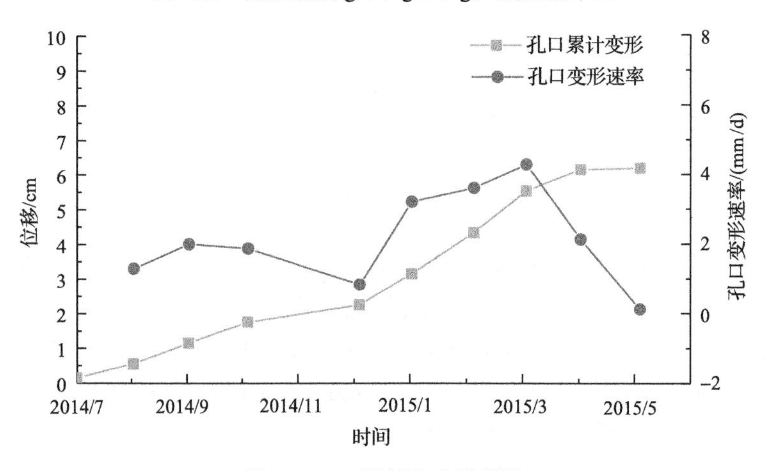

图 5.14　2#测斜孔变形曲线

根据数据系列中的统计结果对位移速率进行推算，来判断边坡由匀速蠕滑阶段进入加速阶段的位移速率。拟采用两种位移速率控制指标V_a、V_b：

$$V_a = V_{max} + 2\sigma\ ;\ \ V_b = \bar{V} + 5\sigma \tag{5.19}$$

式中，V_{max}为已知位移速率最大值；$\bar{V}$为已知位移速率平均值；σ为已知位移速率的标准差。

经过统计计算，可以得出V_{max}=1mm/d，$\bar{V}$=0.1mm/d，σ=0.137。根据两种位移速率指标可得：V_a=1.274mm/d，V_b=0.785mm/d，V取两者中较大值即1.274mm/d。

综合岩石蠕变实验和现场监测结果及位移速率控制指标的估计值，初步拟定将边坡变形速率按照5级标准划分预警值，如表5.2所示。1～5级预警程度逐渐减弱，1级为红色紧急预警，变形速率＞6.0mm/d，此时应抢险加固；2级为黄色预警，变形速率为2.0～6.0mm/d，此时应复测并请专家会诊；3级为橙色预警，变形速率为1.274～2.0mm/d，此时应复测且多因素综合分析；4级为关注级，变形速率为0.2～1.274mm/d，此时应进行数据检查和分析；5级为正常监测，变形速率＜0.2mm/d，处在合理范围之内。

表5.2　变形速率预警值　（单位：mm/d）

区域	等级				
	5级	4级	3级	2级	1级
仓上边坡	＜0.2	0.2～1.274	1.274～2.0	2.0～6.0	＞6.0

5.4.2　基于f_k，Δ判别值的预警预报

边坡从安全状态到失稳状态中间必然经历一个临界状态，临界状态是指处于该状态的边坡超过某一时间或空间的极限点后便发生失稳破坏，该极限值可以由边坡发展过程中的某一应力或某一形变位移所决定，也可由引发滑坡的外界因素的某一变化值所确定[124]。上述各种导致边坡发生失稳破坏的因素即为边坡失稳的预警判据。目前国内外关于滑坡的预警，主要是根据边坡的实际地质、水文情况等合理选择预警判据，预警判据虽有十余种之多，但大体上可分为两大类：单因子的判据和两种及以上因子的综合判据[125]。单因子判据较为简单，当一个变量达到设定的极限值(如边坡极限变化速率等)时便宣告边坡进入临界状态；综合判据相对单因子判据较为复杂，必须是由两

个或两个以上的因子同时达到设定的极限值(如当降雨量达到设定的极限值，同时边坡的变形也达到设定的极限值)时，才标志着边坡进入临界状态，即需要对多种指标进行综合判断。本章结合前几章的研究内容，决定采用位移速率和尖点突变理论中的 fk,Δ 判别值作为预报判据[126]。

通过尖点突变理论，基于仓上金矿岩质边坡的地质模型建立的尖点突变模型，根据 Δ 判断边坡的状态，边坡的突发性失稳模式与刚度比 k 、岩土体性质及滑带地下水特性有关，而刚度比 $k=\dfrac{l_1G_1e^2}{l_2G_2}$ 是由边坡材料力学性质和几何尺寸决定的。所以可根据情况变化计算 Δ 来判别边坡的状态，进行评估和预警预报，预警指标如表 5.3 所示。

表 5.3 基于 fk 和 Δ 的预警指标

安全级	预警级	危险级
$fk>1$, $\Delta>0$	$fk<1$, $\Delta>0$	$fk<1$, $\Delta<0$
边坡处于安全状态，不会发生失稳破坏	边坡处于渐变状态	边坡处于不稳定状态，会发生突变失稳

5.4.3 边坡灰色预测模型预报

灰色系统基于灰色生成函数，即任何随机变量都可以视为一定范围内变化的灰色量，其通过灰色过程(随机过程)，将杂乱无序的原始数据累加转换为规则有序的数据序列，从而建立灰色预测模型进行预测[127]。

灰色预测模型属于定量分析，是依据时间序列对数量大小进行预测的动态分析模型。GM(1,1)模型是指单因素变量数量为 1，微分方程拟合形式为 1 阶的模型，其代表方程是[128]

$$\frac{\mathrm{d}x^{(1)}}{\mathrm{d}t}+\alpha x^{(1)}=\mu \tag{5.20}$$

式中，α 、μ 为求带参数；$x^{(1)}$ 为原始数据序列 $x^{(0)}$ 的累加生成序列；t 为时间。

1. 累加数列生成

通过对边坡进行位移监测，得到边坡原始位移监测数据，即灰色预测模型变形时间序列 x。监测工作得到的数据往往是没有明显规律的，需要利用数据处理方法，将无序的原始数据列变成有序的时间数据列。

对非负的数据列，通过累加可以将数据随机性弱化，使非负摆动数列或任意无规律数列转化为递增数列，从而极易找到其变化的规律性。

把数列 x 各时刻数据进行一次累加称作累加过程，记作 AGO。将原始变形时间序列进行一次累加，得到一次累加生成序列 $x^{(1)}$，设原始序列为

$$x^{(0)}=\left(x^{(0)}(1),x^{(0)}(2),\cdots,x^{(0)}(n)\right) \tag{5.21}$$

一次累加过程为

$$x^{(1)}(k)=\sum_{i=1}^{k}x^{(0)}(i) \quad k=1,2,\cdots,n \tag{5.22}$$

一次累加生成序列为

$$x^{(1)}=\left(x^{(1)}(1),x^{(1)}(2),\cdots,x^{(1)}(n)\right) \tag{5.23}$$

2. GM(1,1)模型建立

设满足条件的原始序列为

$$x^{(0)}=\left(x^{(0)}(t_1),x^{(0)}(t_2),\cdots,x^{(0)}(t_n)\right) \tag{5.24}$$

对原始序列进行一次 AGO，得到一次累加生成序列为

$$x^{(1)}(t_k)=\sum_{i=1}^{k}x^{(0)}(t_i) \quad k=1,2,\cdots,n \tag{5.25}$$

假定具有 $x^{(0)}$ 近似指数变化，则白话方程为

$$\frac{\mathrm{d}x^{(1)}}{\mathrm{d}t}+\alpha x^{(1)}=\mu \tag{5.26}$$

将式(5.26)离散化，得到 GM(1，1)灰微分方程为

$$x^{(0)}(t_k)+\alpha z^{(1)}(t_k)=\mu \tag{5.27}$$

式中，α 为发展系数，反映了原始序列 $x^{(0)}$ 的增长速度；μ 为灰作用量，即

内生变量。用最小二乘法可以求解 α 、 μ ，建立时间响应公式如下：

$$\hat{x}^{(1)}(t_k)=\left[x^{(1)}(t_1)-\frac{\mu}{\alpha}\right]\mathrm{e}^{-\alpha(t_k-t_1)}+\frac{\mu}{\alpha} \tag{5.28}$$

通过最小二乘法对式(5.28)进行求解，解得：

$$\hat{\alpha}=\begin{bmatrix}\alpha\\ \mu\end{bmatrix}=(B^{\mathrm{T}}B)^{-1}B^{\mathrm{T}}Y \tag{5.29}$$

式中，B 为数据矩阵；Y 为数据向量；$\hat{\alpha}$ 为待求参数。

$$\begin{cases}Y=\left(x^{(0)}(t_2),x^{(0)}(t_3),\cdots,x^{(0)}(t_n)\right)^{\mathrm{T}}\\ B=\begin{bmatrix}-\frac{1}{2}\left[x^{(1)}(t_2)+x^{(1)}(t_1)1\right]\\ \cdots \quad \cdots\\ -\frac{1}{2}\left[x^{(1)}(t_n)+x^{(1)}(t_{n-1})1\right]\end{bmatrix}\end{cases} \tag{5.30}$$

发展系数解得后，根据 α 范围验证 GM(1,1)模型适用情况，如表 5.4 所示。

表 5.4 模型适用表

α 取值范围	适用预测情况
$-\alpha \leqslant 0.3$	中长期
$0.3 < -\alpha \leqslant 0.5$	短期
$0.5 < -\alpha \leqslant 0.8$	应谨慎用于短期
$0.8 < -\alpha \leqslant 1$	需残差修正
$-\alpha > 1$	不宜使用

$\hat{x}^{(1)}(t_k)$ 为预测模型一阶加权累加位移，对其进行一阶加权累减，可以得到原始位移序列的预测拟合值 $\hat{x}^{(0)}(t_k)$ ：

$$\hat{x}^{(0)}(t_k)=\hat{x}^{(1)}(t_k)-\hat{x}^{(1)}(t_{k-1}) \tag{5.31}$$

3. 不等时距 GM(1,1)模型建立

传统 GM(1,1)只能在时距相等的条件下使用，但边坡的实际监测数据一般无法满足等时距条件。对于不等时距的原始序列，由于部分数据缺失，不能利用传统 GM(1,1)模型对监测数据进行预测。此时需要对原始序列进行累加，得到近似等时距序列的累加生成序列，将等时距序列的 GM(1,1)模型转化为不等时距 GM(1,1)模型。

本节采用依据监测时间加权累加的方式，对不等时距序列进行一次累加处理：

$$\hat{x}^{(1)}(t_k)=\sum_{i=1}^{k}\Delta t_i x_i^{(0)} \quad k=1,2,\cdots,n \tag{5.32}$$

得到一次加权累加生成序列 $x^{(1)}$：

$$x^{(1)}=\left(x^{(1)}(t_1),x^{(1)}(t_2),\cdots,x^{(1)}(t_n)\right) \tag{5.33}$$

白化方程、灰微分方程及时间响应公式同等时距 GM(1,1)模型。因为一次加权累加生成序列经历了一次加权累加，则预测值需进行一次累减得到，预测值 $\hat{x}^{(0)}(t_k)$ 为

$$\hat{x}^{(0)}(t_k)=\begin{cases}\hat{x}^{(0)}(t_1)=\dfrac{\hat{x}^{(1)}(t_1)}{\Delta t_1}\\ \hat{x}^{(0)}(t_k)=\dfrac{\hat{x}^{(0)}(t_k)-\hat{x}^{(0)}(t_{k-1})}{\Delta t_k}\end{cases} \tag{5.34}$$

4. GM(1,1)模型精度检验

当精度检验不合格时，需要建立残差模型，残差序列由原始序列与预测值的差值组成。将残差模型预测值补偿至原预测值，提高预测精度，减少误差。若补偿后预测值精度仍不满足，则反复残差补偿过程，直到后验差合格为止。精度分级详见表 5.5。

表 5.5　模型精度分级

预测精度等级	P	C
好(GOOD)	>0.95	<0.35
合格(QUALIFIED)	>0.80	<0.50
勉强(JUSTMARK)	>0.70	<0.65
不合格(UNQUALIFIED)	≤0.70	≥0.65

后验差比值为

$$C = \frac{S_1}{S_2} \tag{5.35}$$

式中，$S_1^2 = \frac{1}{n}\sum_{i=1}^{n}\left(\varepsilon^{(0)}(t_k) - \overline{\varepsilon}\right)^2$，为残差序列方差；$S_2^2 = \frac{1}{n}\sum_{i=1}^{n}\left(x^{(0)}(t_i) - \overline{x}\right)^2$，为原始序列方差。

小误差概率为

$$P = P\left\{\left|\varepsilon^{(0)}(t_k) - \overline{\varepsilon}\right| \langle 0.6745 S_2\right\} \tag{5.36}$$

根据预测与实测数据对比，当实测数据发展趋势相对预测值有明显变化时，说明边坡受外界因素发生了变化，这时要引起重视并预警。

5.5　岩质边坡滑坡预警等级评估

滑坡根据滑体体积可分为 4 个等级，即小型滑坡、中型滑坡、大型滑坡、特大型滑坡(巨型滑坡)。根据滑体滑动速度又可分为蠕动型滑坡、慢速滑坡、中速滑坡、高速滑坡。其中，蠕动型滑坡，人们凭肉眼难以看见其运动，只能通过仪器观测才能发现的滑坡；慢速滑坡，每天滑动数厘米至数十厘米，人们凭肉眼可直接观察到滑坡的活动；中速滑坡，每小时滑动数十厘米至数米的滑坡；高速滑坡，每秒滑动数米至数十米的滑坡。仓上金矿露天坑尾矿库属于蠕动型、小型滑坡。

为了提高监测结果在实际工程的应用，依照位移速率、裂纹扩展情况以及宏观监测对边坡危险程度进行划分，并根据不同的风险程度提出相应的方案。风险划分时不仅要考虑滑坡规模大小，还需综合考虑滑坡的空间分布，滑坡对尾矿坑运行的影响程度，风险对象，是否会破坏尾矿坑内的经济设备等问题。尾矿库预警等级划分见表 5.6。

针对黄色预警，要求我们加大预警区域的监测与巡查力度，密切关注边坡动态并做好滑坡预防措施及应对方案，此类预警较为缓和。橙色预警比黄色预警有着明显的危险性，说明近期该地区可能出现滑坡的概率较大，应引起管理人员的高度重视，做好随时撤离的准备。红色预警一旦出现，表示该区域滑坡风险极高、危险性极大，要求立即停止一切工作迅速撤离现场，并通知和疏散周边村庄的居民。

表 5.6　预警等级划分表

预警等级	预警指标
黄色预警	边坡处于匀速位移变形或减速位移变形状态，但宏观表现出滑坡趋势，存在滑坡隐患
橙色预警	边坡处于加速位移变形状态，存在一定的宏观表现或者边坡处于匀速位移变形状态，但存在滑坡隐患且滑坡区域存在设备仪器和工作人员
红色预警	边坡处于急剧位移变形状态，坡体宏观表现明显，裂纹加粗延伸且有大量新裂纹的产生或边坡处于加速位移变形状态，但滑坡区域位于工作面附近

5.6　滑坡预警预报辅助判据

除了以上定量指标外，还应根据工程地质条件和工程经验，充分发挥边坡安全监测的优势，结合工程地质巡视，在宏观上合理判断边坡坡体变形过程中出现的异常表现，把定性与定量判据有机地结合在一起，使其成为综合预警预报判据[128-130]。根据以上分析，我们将以下四条作为边坡的辅助预警判据。

(1)裂缝变化情况。一般来说不利于岩体本身的稳定而可能导致的某些裂隙面的产生或者原有裂隙面的扩大，从而恶化边坡平衡条件。通过裂缝间距的量测，若后缘高程部位的原有裂缝出现明显的延长、加宽，或产生新的裂缝时应及时预警。

(2)局部滑塌。局部滑塌主要分布于坡体软弱地带，一般在滑坡前缘附近产生局部的滑塌或出现新的局部破坏现象，则应及时复测并预警。

(3)地下水动态。地下水对边坡岩体稳定性起着重要的作用。地下水对边坡稳定性的影响可归纳为以下两点。

静水压力：地下水对边坡作用的主要形式，对边坡的影响是降低岩体的抗剪强度和产生水平推力及浮托力。

动水压力：地下水的渗透压力能加速边坡的滑动。

坡体内维持较高的地下水位，当坡体进入加速阶段后，前缘可能会由于地下水活动的变化产生水色浑浊等异常现象，若出现则报警。

(4)降雨强度。暴雨或连续降雨会使岩土体力学性质劣化，从而引发滑坡(图 5.15)。根据气象统计资料，仓上金矿地区的年平均降水量为 595.77mm。

仓上金矿地区年最小降水量为 313.8mm，年最大降水量可达 1204.8mm，该地区最长连续降水达 4 天(降水量为 208.8mm)。年最小蒸发量为 1779.2mm，年最大蒸发量为 2379mm。结合仓上金矿的水文地质和工程地质条件进行边坡稳定性分析，并参考国内外典型滑坡发生时降雨强度预警阈值，降水量预警指标如表 5.7 所示，为边坡在雨季时边坡安全的预警工作提供一定依据。

图 5.15　暴雨条件下边坡失稳现场图

表 5.7　降水量预警标准

日降水量/mm	持续时间/d	月降水量/mm	预警程度
＜10(小雨)	≤7	＜70	安全，无须预警
10～25(中雨)	≤4	70～125	安全，注意监测
25～50(大雨)	3	125～200	注意监测，加强重点部位监测力度
＞50(暴雨)	2	200～350	预警，加密监测，注意各项监测项目异常变化

以上只为边坡预警提供一定的依据，由于滑坡预警的难度较大，我们不可机械地根据上述判据对边坡安全做出判断，重点在于对潜在滑体出现的各种变形迹象进行综合分析，并做出相应的判断。

参考文献

[1] 郭光威. 岩质边坡与土质边坡稳定性评价的区别[J]. 黑龙江科技信息, 2009, (19): 20, 21.

[2] 黄志全, 李华晔, 马莎, 等. 岩石边坡块状结构岩体稳定性分析和可靠性评价[J]. 岩石力学与工程学报, 2004, 23(24): 4200-4205.

[3] 陈庆发. 岩质深凹边坡松动岩体工程特性研究[D]. 武汉: 武汉理工大学, 2005.

[4] 赖志生. 散体结构岩质边坡的稳定性分析及开挖参数研究[D]. 西安: 西安交通大学, 2004.

[5] 杜光波. 十天高速公路变质岩边坡变形破坏机理研究[D]. 西安: 长安大学, 2011.

[6] 张有天. 岩石高边坡的变形与稳定[M]. 北京: 中国水利水电出版社, 1999.

[7] 王旭春, 管晓明, 王晓磊, 等. 露天矿边坡稳定性与岩体参数敏感性研究[J]. 煤炭学报, 2011, 36(11): 1806-1811.

[8] 王强, 付厚利, 秦哲, 等. 基于正交改进和 Geo-slope 边坡稳定性因素敏感性分析[J]. 金属矿山, 2017, (12): 130-135.

[9] 张立博, 付厚利, 秦哲, 等. 露天矿坑岩质边坡浸润线及稳定性研究分析[J]. 地质与勘探, 2017, 53(6): 1174-1180.

[10] 赵凯. 高陡岩质边坡破坏机理与稳定性分析[D]. 青岛: 山东科技大学, 2016.

[11] 亓伟林. 露天矿岩质边坡滑坡监测及预警预报研究[D]. 青岛: 山东科技大学, 2016.

[12] 朱少瑞. 蚀变带影响下岩质边坡动态安全性研究[D]. 青岛: 山东科技大学, 2017.

[13] 吴燕开, 胡晓士, 石玉斌, 等. 爆破开挖对岩质高边坡稳定性的影响分析[J]. 爆破, 2017, 34(4): 66-72.

[14] 李文波. 岩质边坡稳定性分析方法及应用[J]. 中国水运, 2008, 8(8): 186-189.

[15] 牛传星, 秦哲, 冯佰研, 等. 水岩作用下蚀变岩力学性质损伤规律[J]. 长江科学院院报, 2016, 33(8): 75-79.

[16] 牛传星, 付厚利, 秦哲, 等. 温度周期循环作用下岩石损伤特性的试验研究[J]. 长江科学院院报, 2017, 34(4): 78-82.

[17] Qin Z, Chen X X, Fu H L. Damage features of altered rock subjected to drying-wetting cycles[J]. Advances in Civil Engineering, 2018, (5): 1-10.

[18] 牛传星, 冯佰研, 秦哲, 等. 水岩作用下岩石力学参数损伤规律的研究[J]. 煤炭技术, 2015, 34(11): 216-219.

[19] 冯佰研, 付厚利, 秦哲, 等. 水岩作用下露天矿坑蚀变岩三轴压缩试验分析[J]. 地质与勘探, 2016, 52(3): 564-569.

[20] 冯佰研, 秦哲, 牛传星, 等. 水岩作用下露天矿蚀变岩石力学试验研究[J]. 煤炭科学技术, 2016, 44(3): 39-43+105.

[21] 付厚利, 韩继欢, 闫丽, 等. 三山岛金矿采充动态平衡分析模型的研究与应用[J]. 山东科技大学学报(自然科学版), 2015, 34(1): 92-98.

[22] 郑颖人, 陈祖煜, 王恭先, 等. 边坡与滑坡工程治理(第二版)[M]. 北京: 人民交通出版社, 2007.

[23] 亓伟林, 朱少瑞, 韩继欢. EML340 型连采机在巴彦高勒煤矿的应用与研究[J]. 煤炭技术, 2015, 34(11): 296-298.

[24] 郭少华, 付厚利, 韩继欢. 朱集矿主井井筒冻结壁厚度参数优化应用[J]. 煤炭技术, 2015, 34(2): 56-57.
[25] 赵凯, 付厚利. 大南湖煤矿副斜井冻结温度场分析[J]. 煤炭技术, 2015, 34(9): 74-76.
[26] 秦哲, 付厚利, 程卫民, 等. 水岩作用下露天坑边坡岩石蠕变试验分析[J]. 长江科学院院报, 2017, 34(3): 85-89.
[27] 秦哲. 水岩作用下仓上露天矿岩质边坡破坏机理与稳定性研究[D]. 青岛: 山东科技大学, 2015.
[28] Chen X, He P, Qin Z. Damage to the Microstructure and Strength of Altered Granite under Wet-Dry Cycles[J]. Symmetry, 2018, 10(12): 716.
[29] Qin Z, Fu H, Chen X. A study on altered granite meso-damage mechanisms due to water invasion-water loss cycles[J]. Environmental Earth Sciences, 2019, 78(14): 428.
[30] 刘兴, 付厚利, 秦哲, 等. 库水升降作用下高陡岩质边坡稳定性分析[J]. 科学技术与工程, 2017, 17(24): 263-268.
[31] 陈绪新, 付厚利, 秦哲, 等. 干湿循环对含蚀变带边坡稳定性影响研究[J]. 矿冶工程, 2017, 37(4): 32-35.
[32] 韩继欢, 袁康, 陆龙龙, 等. 深部高应力巷道支护设计与数值模拟研究[J]. 煤炭技术, 2015, 34(3): 67-70.
[33] 韩继欢, 付厚利. 金田煤矿软岩巷道注浆堵水方案及应用[J]. 煤炭技术, 2014, 33(8): 74-76.
[34] 韩继欢, 闫丽, 秦哲, 等. 层次分析法在水封洞库注浆设计中的应用研究[J]. 山东科技大学学报(自然科学版), 2014, 33(5): 90-94.
[35] 朱少瑞, 韩继欢, 秦哲, 等. 预应力锚索加固技术在高陡岩质边坡中的应用[J]. 煤炭技术, 2015, 34(8): 30-32.
[36] 刘兴, 付厚利, 秦哲, 等. 深基坑边坡支护方案的设计与分析[J]. 建筑技术, 2019, 50(3): 298-300.
[37] 韩继欢. 高陡岩质边坡稳定性分析及抗滑桩加固技术研究[D]. 青岛: 山东科技大学, 2015.
[38] 王超. 高陡岩质边坡稳定性分析及锚索加固技术研究与应用[D]. 青岛: 山东科技大学, 2013.
[39] Leshchinsky B, Ambauen S. Limit equilibrium and limit analysis: Comparison of benchmark slope stability problems[J]. Journal of Geotechnical and Geoenvironmental Engineering, 2015, 141(10): 1-8.
[40] 陈祖煜, 弥宏亮, 汪小刚. 边坡稳定三维分析的极限平衡方法[J]. 岩土工程学报, 2001, (5): 525-529.
[41] 李同录, 王艳霞, 邓宏科. 一种改进的三维边坡稳定性分析方法[J]. 岩土工程学报, 2003, 25(5): 611-614.
[42] 杨松林, 周创兵, 易珍莲. 岩体稳定分析的广义条分法初步探讨[J]. 岩土力学, 1999, 20(1): 28-32.
[43] 朱大勇, 钱七虎. 三维边坡严格与准严格极限平衡解答及工程应用[J]. 岩石力学与工程学报, 2007, 26(8): 1513-1528.
[44] 郑宏. 严格三维极限平衡法[J]. 岩石力学与工程学报, 2007, 26(8): 1529-1537.
[45] 李冬田, 余运华. 岩坡稳定的层分析方法与抗滑系数图谱[J]. 岩土工程学报, 2001, 23(1): 18-22.
[46] 张亮, 周传波, 郭廖武, 等. 大冶铁矿狮子山岩质边坡稳定性评价[J]. 金属矿山, 2008, 38(3): 46-49.
[47] 陈宗基, 康文法, 黄杰藩. 岩石的封闭应力、蠕变和扩容及本构方程[J]. 岩石力学与工程学报, 1991, 10(4): 299-312.
[48] 陈宗基. 地下巷道长期稳定性的力学问题[J]. 岩石力学与工程学报, 1982, 1(1): 1-20.

[49] 陈宗基, 石泽全, 于智海, 等. 用8000kN多功能三轴仪测量脆性岩石的扩容、蠕变及松弛[J]. 岩石力学与工程学报, 1989, 8(2): 97-118.

[50] 陈从新, 黄平路, 卢增木. 岩层倾角影响顺层岩石边坡稳定性的模型试验研究[J]. 岩土力学, 2007, 28(3): 476-481.

[51] 丁多文, 彭光忠. 水作用下废土石排放场地边坡稳定性的模型试验研究[J]. 岩土工程学报, 1996, 18(2): 94-98.

[52] 李龙起, 罗书学, 魏文凯, 等. 降雨入渗对含软弱夹层顺层岩质边坡性状影响的模型试验研究[J]. 岩石力学与工程学报, 2013, 32(9): 1772-1778.

[53] 李龙起, 罗书学, 王运超, 等. 不同降雨条件下顺层边坡力学响应模型试验研究[J]. 岩石力学与工程学报, 2014, 33(4): 755-762.

[54] 胡修文, 唐辉明, 刘佑荣. 三峡库区赵树岭滑坡稳定性物理模拟试验研究[J]. 岩石力学与工程学报, 2005, 24(12): 2089-2095.

[55] 唐红梅, 陈洪凯, 曹卫文. 顺层岩体边坡开挖过程模型试验[J]. 岩土力学, 2011, 32(2): 435-440.

[56] Bahrani N,Tannant D.Field-scale assessment of effective dilation angle and peak shear displacement for a footwall slab failure surface[J]. International Journal of Rock Mechanics and Mining Sciences, 2011, 48: 565-579.

[57] Ahmadi M, Eslami M. A new approach to plane failure of rock slope stability based on water flow velocity in discontinuities for the Latian Dam Reservoir Landslide[J]. Journal of Mountain Science, 2011, 2: 124-130.

[58] Zhao Z M, Wu G, Ali E. Rock slope stability evaluation in static and seismic conditions for left bank of Jinsha River Bridge along Lijiang-Xamgyi'nyilha railway, China[J]. Journal of Modern Transportation, 2012, 20(3): 121-128.

[59] Ataei M, Bodaghabadi S. Comprehensive analysis of slope stability and determination of stable slopes in the Chador-Malu iron ore mine using numerical and limit equilibrium methods[J]. Journal of China University of Mining and Technology, 2008, 18(4): 488-493.

[60] Cundall P A. A computer model for simulating progressing large-scale movements in blocky systems[C]// Proceedings of the Symposium of the International Society of Rock Mechanics. Rotterdam: A. A Balkema, 1971, 1: 8-12.

[61] 吴洪词. 长江三峡水利枢纽船闸陡高边坡稳定性的拉格朗日元分析[J]. 贵州工业大学学报, 1998, 27(1): 34-40.

[62] Clough R W, Woodward R J. Analysis of embankment stresses and deformation[J]. Journal of Soil Mechanics and Foundation Division ASCE, 1967, 93(4): 529-549.

[63] Zou J Z, Williams D J. Search for critical slip surfaces based on finite element method[J]. Canadian Geotechnical Journal, 1995, 32(1): 233-244.

[64] Duncan J M. State of the art: Limit equilibrium and finite element analysis of slopes[J]. Journal of Geotechnical Engineering, 1996, 22(7): 577-596.

[65] Griffiths D V, Lane P A. Slope stability analysis by finite elements[J]. Geotechnique, 1999, 49(3): 387-403.

[66] Smith I M, Griffiths D V. Programming the Finite Element Method[M]. 3rd Edition. New York: John Wiley and Sons Chichester, 1998.

[67] Dawson E M, Roth W H, Drescher A. Slope stability analysis by strength reduction[J]. Geotechnique, 1999, 49(6): 835-840.

[68] 郑颖人, 赵尚毅. 有限元强度折减法在土坡与岩坡中的应用[J]. 岩石力学与工程学报, 2004, 23(19): 3381-3388.

[69] 唐晓松, 郑颖人, 唐辉明, 等. 水库滑坡变形特征和预测预报的数值研究[J]. 岩土工程学报, 2013, (5): 940-947.

[70] 郑颖人. 岩土数值极限分析方法的发展与应用[J]. 岩石力学与工程学报, 2012, 31(7): 1297-1316.

[71] 郑颖人, 唐晓松, 赵尚毅, 等. 有限元强度折减法在涉水岸坡工程中的应用[J]. 水利水运工程学报, 2009, (4): 1-10.

[72] 程谦恭, 胡厚田, 彭建兵, 等. 高边坡岩体渐进性破坏黏弹塑性有限元数值模拟[J]. 工程地质学报, 2000, (1): 25-30.

[73] 孙冠华. 三维边坡及坝基抗滑稳定性分析的若干问题研究[D]. 武汉: 中国科学院研究生院(武汉岩土力学研究所), 2010.

[74] 李维朝, 戴福初, 李宏杰, 等. 基于强度折减的岩质开挖边坡加固效果三维分析[J]. 水利学报, 2008, 39(7): 877-882.

[75] 马建勋, 赖志生, 蔡庆娥, 等. 基于强度折减法的边坡稳定性三维有限元分析[J]. 岩石力学与工程学报, 2004, 23(16): 2690-2693.

[76] 年廷凯, 栾茂田, 杨庆, 等. 基于强度折减弹塑性有限元法的抗滑桩加固边坡稳定性分析[J]. 岩土力学, 2007, 28(增刊): 558-562.

[77] 年廷凯, 张克利, 刘红帅, 等. 基于强度折减法的三维边坡稳定性与破坏机制[J]. 吉林大学学报(地球科学版), 2013, 43(1): 178-185.

[78] 葛修润, 任建喜, 李春光, 等. 三峡左厂 3#坝段深层抗滑稳定三维有限元分析[J]. 岩土工程学报, 2003, 25(4): 389-394.

[79] 邓楚键, 何国杰, 郑颖人. 基于 M-C 准则的 D-P 系列准则在岩土工程中的应用研究[J]. 岩土工程学报, 2006, 28(6): 735-739.

[80] 黄茂松, 贾苍琴. 考虑非饱和非稳定渗流的土坡稳定分析[J]. 岩土工程学报, 2006, 28(2): 202-206.

[81] 孙永帅, 贾苍琴, 王贵和. 水位骤降对边坡稳定性影响的模型试验及数值模拟研究[J]. 工程勘察, 2012, 11: 22-27.

[82] 赵尚毅, 郑颖人, 刘明维, 等. 基于 Drucker-Prager 准则的边坡安全系数定义及其转换[J]. 岩石力学与工程学报, 2006, 25(S1): 2730-2734.

[83] 杨天鸿, 张锋春, 于庆磊, 等. 露天矿高陡边坡稳定性研究现状及发展趋势[J]. 岩土力学, 2011, 32(5): 1437-1451+1472.

[84] 王学鹏. 滑坡体稳定分析的极限平衡法与有限元法对比研究[D]. 昆明: 昆明理工大学, 2015.

[85] 刘建军, 李跃明, 车爱兰. 基于统一强度理论的岩质边坡稳定动安全系数计算[J]. 岩土力学, 2011, 32(S2): 666-672.

[86] 冯君, 宋胜武, 周德培, 等. 考虑边坡开挖中地应力释放的改进 Sarma 法[J]. 地下空间与工程学报, 2009, 5(1): 50-53+59.

[87] 郭健, 王新刚, 刘强. 节理控制性岩质边坡的稳定性分析[J]. 矿业研究与开发, 2014, 34(5): 31-35.

[88] 沈银斌, 朱大勇, 姚华彦, 等. 改进的岩质边坡临界滑动场计算方法[J]. 四川大学学报(工程科学版), 2010, 42(5): 277-284.

[89] 唐春安, 李连崇, 李常文, 等. 岩土工程稳定性分析 RFPA 强度折减法[J]. 岩石力学与工程学报, 2006, 25(8): 1522-1530.

[90] 阙金声, 陈剑平, 石丙飞, 等. 广州科学城岩质边坡稳定性可靠度分析[J]. 岩石力学与工程学报, 2006, 25(S2): 3737-3742.

[91] 赵尚毅, 郑颖人, 邓卫东. 用有限元强度折减法进行节理岩质边坡稳定性分析[J]. 岩石力学与工程学报, 2003, 22(2): 254-260.

[92] Dawson E M, Roth W H, Drescher A. Slope stability analysis by strength reduction[J]. Geotechnique, 1999, 49(6): 835-840.

[93] 黄波林, 许模. 三峡水库水位上升对香溪河流域典型滑坡的影响分析[J]. 防灾减灾工程学报, 2006, 26(3): 290-295.

[94] 刘红岩, 秦四清. 库水位上升条件下边坡渗流场模拟[J]. 工程地质学报, 2007, (6): 796-801.

[95] 刘才华, 陈从新, 冯夏庭. 库水位上升诱发边坡失稳机理研究[J]. 岩土力学, 2005, 26(5): 769-773.

[96] 任雁飞, 刘梦雅. 基于有限元强度折减法公路深路堑边坡稳定性分析[J]. 天津建设科技, 2020, 30(6): 17-21.

[97] 郑颖人, 胡文清, 王敬林. 强度折减有限元法及其在隧道与地下洞室工程中的应用[J]. 现代隧道技术, 2004, (S2): 239-243.

[98] 张黎明, 郑颖人, 王在泉. 有限元强度折减法在公路隧道中的应用探讨[J]. 岩土力学, 2007, 28(1): 97-101.

[99] 黄润秋. 岩石高边坡发育的动力过程及其稳定性控制[J]. 岩石力学与工程学报, 2008, 27(8): 1525-1544.

[100] 陈卫兵. 考虑岩土材料流变特性的强度折减法研究[D]. 北京: 中国科学院研究生院, 2008.

[101] 宋坤. 强度折减法在露天矿边坡稳定性分析中的应用研究[D]. 北京: 中国地质大学(北京), 2014.

[102] 重庆市城乡建设委员会. 建筑边坡工程技术规范(GB 50330—2013)[S]. 北京: 中国建筑工业出版社, 2013.

[103] 程温鸣. 基于专业监测的三峡库区蓄水后滑坡变形机理与预警判据研究[D]. 北京: 中国地质大学(北京), 2014.

[104] 刘永启. 全球定位系统在 GIS 数据采集中的应用[D]. 武汉: 武汉大学, 2004.

[105] 周勇. 湘西高速公路滑坡监测关键技术及监测信息系统研究[D]. 长沙: 中南大学, 2012.

[106] 张立博, 秦哲, 付厚利, 等. 基于 CSMR 的露天坑尾矿库水位设计研究[J]. 地质与勘探, 2018, 54(4): 817-823.

[107] 秦哲, 付厚利, 陈绪新, 等. 活动测斜仪[P]. CN205138480U, 2016-04-06.

[108] 秦哲, 付厚利, 陈绪新, 等. 利用活动测斜仪测量地层水平位移的方法及活动测斜仪[P]. CN105444738A, 2016-03-30.

[109] 彭欢, 黄帮芝, 杨永. 滑坡监测技术方法研究[J]. 资源环境与工程, 2012, 26(1): 45-50.

[110] 胡畅, 牛瑞卿. 三峡库区树坪滑坡变形特征及其诱发因素研究[J]. 安全与环境工程, 2013, 20(2): 41-45+58.

[111] 秦哲, 付厚利, 王刚, 等. 用于露天矿坑尾矿库边坡滑坡预警的动态监测系统及方法[P]. CN106405675A, 2017-02-15.

[112] 龚匡周, 王浩, 方雪晶, 等. 复杂岩质边坡的破坏类型及稳定性分析[J]. 中国地质灾害与防治学报, 2012, 23(1): 22-27.

[113] 王文明, 张永强. 开挖卸荷后节理岩质边坡的稳定性分析[J]. 金属矿山, 2012, 41(3): 48-51.

[114] 王俊卿, 李靖, 李琦, 等. 黄土高边坡稳定性影响因素分析——以宝鸡峡引水工程为例[J]. 岩土力学, 2009, 30(7): 2114-2118.

[115] 张骐. 基于突变理论的物流通道选择研究[D]. 大连: 大连海事大学, 2009.

[116] 王成华, 李广信. 土体应力-应变关系转型问题分析[J]. 岩土力学, 2004, 25(8): 1185-1190.

[117] 梁学战. 三峡库区水位升降作用下岸坡破坏机制研究[D]. 重庆: 重庆交通大学, 2013.

[118] 龙辉, 秦四清, 万志清. 降雨触发滑坡的尖点突变模型[J]. 岩石力学与工程学报, 2002, 21(4): 502-508.

[119] 王思长, 折学森, 李毅, 等. 基于尖点突变理论的岩质边坡稳定性分析[J]. 交通运输工程学报, 2010, 10(3): 23-27.

[120] 夏开宗, 刘秀敏, 陈从新, 等. 考虑突变理论的顺层岩质边坡失稳研究[J]. 岩土力学, 2015, 36(2): 477-486.

[121] 平曈其. 节理岩质边坡稳定性分析方法及应用[D]. 上海: 上海交通大学, 2014.

[122] 陈建宏, 钟福生, 杨珊. 基于有限元折减强度法与极限平衡法结合的岩质边坡稳定性分析[J]. 科技导报, 2012, 30(11): 38-42.

[123] 赵洪宝, 潘卫东. 开挖对岩质边坡稳定性影响的数值模拟[J]. 金属矿山, 2011, (7): 32-35.

[124] 王根龙, 伍法权, 李巨文. 岩质边坡稳定塑性极限分析方法——斜分条法[J]. 岩土工程学报, 2007, 29(12): 1767-1771.

[125] 段永伟, 胡修文, 吁燃, 等. 顺层岩质边坡稳定性极限平衡分析方法比较研究[J]. 长江科学院院报, 2013, 30(12): 65-68+73.

[126] 赵志峰. 基于位移监测信息的岩石高边坡安全评价理论和方法研究[D]. 南京: 河海大学, 2007.

[127] 刘造保, 徐卫亚, 金海元, 等. 锦屏一级水电站左岸岩质边坡预警判据初探[J]. 水利学报, 2010, 41(1): 101-107+112.

[128] 陈绪新, 秦哲, 付厚利, 等. 基于尖点突变模型饱水边坡稳定性分析[J]. 地质与勘探, 2018, 54(2): 376-380.

[129] 张江伟. 降雨条件下边坡稳定性机理以及预警机制的研究分析[D]. 北京: 北京交通大学, 2012.

[130] 胡厚田, 韩会增, 吕小平, 等. 边坡地质灾害的预测预报[M]. 成都: 西南交通大学出版社, 2001.